广州期货交易所丛书

广州期货交易所 ／ 编著

期货市场完善
碳定价机制探究

Research on Improving Carbon
Pricing Mechanism by
Futures Markets

U0268368

经济管理出版社
ECONOMY & MANAGEMENT PUBLISHING HOUSE

图书在版编目（CIP）数据

期货市场完善碳定价机制探究/广州期货交易所编著．—北京：经济管理出版社，2023.10
ISBN 978-7-5096-9379-7

Ⅰ.①期…　Ⅱ.①广…　Ⅲ.①二氧化碳—排污交易—市场—定价—研究—中国　Ⅳ.①X511

中国国家版本馆 CIP 数据核字（2023）第 215330 号

组稿编辑：杨　雪
责任编辑：杨　雪
助理编辑：王　慧　王　蕾
责任印制：许　艳
责任校对：王淑卿

出版发行：经济管理出版社
　　　　　（北京市海淀区北蜂窝 8 号中雅大厦 A 座 11 层　100038）
网　　　址：www.E-mp.com.cn
电　　　话：（010）51915602
印　　　刷：唐山昊达印刷有限公司
经　　　销：新华书店
开　　　本：720mm×1000mm/16
印　　　张：16
字　　　数：287 千字
版　　　次：2024 年 1 月第 1 版　　2024 年 1 月第 1 次印刷
书　　　号：ISBN 978-7-5096-9379-7
定　　　价：98.00 元

广州期货交易所丛书编委会

主　　　任：高卫兵

副　主　任：朱丽红

编　　　委：曹子海　李　震　冷　冰

编写组成员（按姓氏笔画排序）：

　　　　　　于德阳　王彦斐　朱　涛

　　　　　　许思同　杨　阳　吴青劼

　　　　　　张　翔　陈筱露

序　言

习近平总书记在中央金融工作会议上发表了重要讲话，总结党的十八大以来的金融工作，分析金融高质量发展面临的形势，部署当前和今后一段时期的金融工作。会议强调，金融是国民经济的血脉，是国家核心竞争力的重要组成部分，要加快建设金融强国，做好科技金融、绿色金融、普惠金融、养老金融、数字金融五篇大文章。2023 年 11 月 28 日，习近平总书记考察上海期货交易所，也提出了"加快建成世界一流交易所，为探索中国特色期货监管制度和业务模式、建设国际金融中心做出更大贡献"的目标。当前，绿色发展已是新发展理念的重要组成部分，期货市场支持绿色发展是应有之义。

广州期货交易所成立于 2021 年 4 月 19 日，是经国务院同意，由中国证监会批准设立的第五家期货交易所。设立广州期货交易所，是健全多层次资本市场体系，服务绿色发展，服务粤港澳大湾区建设，服务"一带一路"倡议的重要举措。广州期货交易所始终坚持服务实体经济的使命和担当，积极布局我国光伏、锂电等新能源产业链，成功推出了工业硅、碳酸锂期货和期权，在碳排放权、电力等关系国计民生的战略品种上也取得了一定进展，未来将不断深耕绿色相关领域，建立健全服务新能源产业、助力绿色低碳转型发展的品种体系。在研发工作过程中，广州期货交易所组织内外部专家深入体察研究期货市场服务国家战略的理论和经验，对如何发挥期货市场功能、如何立足国情建设中国特色现代期货市场等一系列问题进行了思考和探索。

党的二十大报告强调，要健全资源环境要素市场化配置体系，健全碳排放权市场交易制度。绿色的关键在于低碳减排，要充分发挥市场在资源配置中的决定性作用。期货市场作为金融市场的重要组成部分，可以提供未来的价格预期，有效管理碳排放权等绿色相关领域的价格风险。从国际发展经验来看，碳排放权市场和资本市场类似，是一个多层次的市场体系，包括一级市场和二级市场。一级市场是配额分配市场，相关主管部门创造和分配碳排放配额，分配可分为免费发放和拍卖方式；二级市场是交易市场，包括现货、期货和衍生品市场。

现货市场主要是控排企业等实体企业为了生产、经营的实际需要来进行配额交换的市场，在面临配额盈余或者短缺时进行配额交易。期货市场是管理风险的市场，将碳排放配额价格变化的风险，从厌恶风险的企业手中，转移到有风险承担能力、同时愿意承担相应风险的市场参与者手中。期货市场和现货市场都有自己独特的定位和作用。同时也要看到，期货市场是在现货市场的基础上发展起来的，扎根于现货市场，又服务于现货市场。期货市场既不能离开现货市场而独立存在，现货市场的参与者也需要期货市场来提供远期定价、风险管理等工具。两者紧密联系，互相促进，缺一不可。碳排放权是人为创设的标准统一的无形商品，推动碳排放权期现货市场协调发展，有助于多层次碳市场体系的建设和碳定价机制的完善。

"广州期货交易所丛书"以碳排放权研究作为起步，希望能搭建一个交流分享平台，为社会各界认识中国特色现代期货市场提供更多角度的借鉴和参考。下一步，广州期货交易所将深入学习贯彻落实党的二十大精神和中央金融工作会议精神，加快推进绿色相关期货品种的研发上市，打造服务产业、服务绿色发展的品种体系，深化服务实体经济的能力，为实现我国"双碳"战略目标、助力绿色低碳转型发展贡献力量。

广州期货交易所丛书编委会

2024 年 1 月

前　言

　　人类自工业化以来大量燃烧化石能源，产生的温室气体排放在大气中不断累积，已造成全球平均气温较前工业化时期明显升高，更多极端气候灾害在全球范围内出现的频率增加。面对可能危及生存的全球变暖，人类在应对气候变化的过程中经历了确立科学共识、达成政治共识以及开展政策行动三个阶段，最终形成了以《联合国气候变化框架公约》为核心的全球气候变化治理体系。其中，碳市场作为排放权交易制度理论在应对气候变化、减缓温室效应的一种有效实践，自联合国《京都议定书》的三大发展机制首开先河之后，逐渐被各国政府广泛应用于国内重点排放企业的减碳管控。

　　强制碳排放配额市场通过"总量限制与市场交易"机制促进控排企业实现"低成本高效率且目标明确"的减排。近年来，全球强制碳排放配额市场逐渐兴起并快速发展。欧盟碳市场是目前发展最为充分的强制碳市场，年度交易量位居全球各碳市场之首。美国加州碳市场2012年建立，此后与魁北克和安大略（后退出）建立起市场连接，其覆盖的行业范围广，据加州空气资源委员会数据显示，其排放覆盖率达到70%以上。RGGI碳市场2009年在美国东北部的十余个州建立，通过对电力行业进行管控，取得了最好的"低成本促减排"政策效果。这三个碳市场取得成功的关键在于坚实的法制基础、有效的数据治理和完善的机制设计，而碳期货市场均在三个碳市场中发挥重要作用。

　　2020年9月，习近平主席在联合国第75届一般性辩论大会上庄重向世界承诺，中国将于2030年前碳排放达峰，努力争取2060年实现碳中和。2021年9月，《中共中央国务院关于完整准确全面贯彻新发展理念做好碳达峰碳中和工作的意见》作为纲领性文件发布，制定了碳达峰碳中和的"1+N路线图"。2023年11月，中美两国发布了《关于加强合作应对气候危机的阳光之乡声明》，再次强调了减碳零碳的重要性。碳排放权交易是一种运用市场手段限制温室气体排放的政策工具，成为我国"碳达峰碳中和1+N"政策体系中的重要一环，也在全球气候治理中发挥良好作用。党的二十大报告提出，要"健全碳排放权市场交易制度"。习近平主席提出，要建设全国温室气体自愿减排交易市场，并强调这将创造巨大的绿色市场机遇。

我国正逐步探索建立多层次碳市场，其中碳期货是多层次碳市场重要组成部分。2023年11月，习近平总书记在上海考察中强调，要进一步健全重要大宗商品期货期权品种体系，增强全球资源配置能力、服务实体经济和国家战略。目前，全国碳市场基本框架初步建立，企业减排意识和能力水平有所提高，促进企业减排温室气体和加快绿色低碳转型的作用初步显现。建设碳期货市场，能够通过发挥价格发现、风险管理、资源配置等功能，更好助力"双碳"目标实现。具体来看：一是完善碳定价机制，提供有效价格信号。碳排放权期货市场通过撮合交易、中央对手方清算等方式，进一步提高碳市场交易体系的市场化程度，通过提供连续、公开、透明的远期价格，缓解各方参与者的信息不对称，提高市场的认可接受度。二是提供风险管理工具，引导企业制定长期减排规划。碳期货市场可以为企业提供预期价格曲线，大幅降低市场风险，协助企业规划长时期的减排行动；控排企业通过期货市场套期保值，可以提前制订计划，平稳安排节能技改和生产经营，有序实现碳达峰、碳中和目标。三是充分发挥资源配置作用，引导绿色投资。期货等衍生品市场通过提供灵活的风险对冲工具和充足的市场流动性，充分调动资金参与碳市场的积极性，为碳市场带来大量社会资金。另外，期货市场提供的有效碳价和更丰富的低碳融资产品可以激励企业进行减排项目投资，充分发挥碳市场的资源配置功能。

为了深入了解建设碳排放权期货市场的意义和作用、国际发展经验以及期现货市场关系，广期所与清华大学、国家气候战略中心、中央财经大学等机构共同开展了《碳排放权现货市场研究》《碳排放权期现货市场协同发展研究》《我国碳排放权期货上市必要性研究》等课题研究。在此基础上，编写了《期货市场完善碳定价机制探究》这本书。

本书梳理了碳排放权交易的概念，分析了国内外碳市场实践情况，从服务碳资源优化配置、完善碳金融体系、增强碳市场国际影响力等角度出发，探讨发展碳期货的必要性，提出中国发展碳期货的思路。

　　全书共分为六个篇章，第一章为碳市场概念篇，主要介绍碳市场的背景和基本概念，探讨碳市场和碳排放权价格形成机制；第二章是试点碳排放权交易市场篇，主要介绍我国试点碳排放权交易市场发展情况和交易情况；第三章为全国碳排放权交易市场篇，主要介绍我国碳排放权交易市场发展情况和运行概况；第四章为国际碳排放交易体系篇，主要介绍国际碳排放交易体系概况；第五章为国际碳期货市场篇，主要分析国际碳期货市场运行情况，总结国际碳期货运行经验；第六章为多层次碳市场发展篇，主要论述碳市场期现货协同发展的必要性，提出多层次碳市场发展的主要考虑。

　　碳市场运行机制复杂，且受到诸多因素影响。碳期货市场建设发展需要各方共同努力、协调推进。本书试图从碳市场实际出发，通过基本理论阐述、国际实践经验梳理等方式，分析我国推出碳期货产品的必要性，研究提出我国碳期货市场发展思路。但由于本书覆盖范围较广，受时间、精力和能力所限，不当之处在所难免，恳请各位读者不吝赐教，也希望各位研究人员和专业人士关注与推动我国碳期货市场的建设和发展。最后，我们对一直以来支持本书的各位领导和专家表示衷心的感谢！

目　录

第一章 碳市场概念篇

第一节 碳市场建设背景

一、全球气候变化治理

气候变化是全人类共同面临的严峻挑战。工业革命以来，人类生产和生活造成了以二氧化碳为代表的温室气体大量累积。这使地球温度升高，极端气候现象频发，可能对地球生态系统造成难以挽回的损害。为了应对这一典型的全球公共治理问题，世界各国进行了多次气候谈判，以明确治理目标和治理手段（见表1-1）。

表1-1 全球气候谈判的主要协议和内容

年份	协议名称	主要内容
1992	《联合国气候变化框架公约》	确立应对气候变化的最终目标；确立国际合作应对气候变化的基本原则；明确发达国家应承担率先减排和向发展中国家提供资金技术支持的义务；承认发展中国家有消除贫困、发展经济的优先需要
1997	《京都议定书》	是设定强制性减排目标的第一份国际协议。规定2008~2012年主要工业发达国家的温室气体排放量要在1990年基础上平均减少5.2%；明确了主要发达国家2012年前减排温室气体的种类、减排时间表和额度目标；提出实现全球减排目标的三种市场机制

年份	协议名称	主要内容
2007	巴厘路线图	形成《巴厘行动计划》。要求加强国际合作来执行气候变化适应行动，包括进行气候变化影响和脆弱性评估，帮助发展中国家加强适应气候变化能力建设，为发展中国家提供技术和资金用于灾害和风险分析、管理以及减灾行动等
2009	《哥本哈根协议》	维护了《联合国气候变化框架公约》及其《京都议定书》，坚持"共同但有区别的责任"原则；在全球长期目标、资金和技术支持、透明度等焦点问题上达成广泛共识
2015	《巴黎协定》	为2020年后全球应对气候变化行动作出安排。规定应对气候变化长期目标是将全球平均气温较前工业化时期上升幅度控制在2摄氏度以内，并努力将温度上升幅度限制在1.5摄氏度以内；建立"承诺+评审"的国家自主贡献合作模式

资料来源：根据相关资料整理所得。

1992年，150多个国家通过了《联合国气候变化框架公约》（以下简称《公约》），这是世界上第一个关于控制温室气体排放、遏制全球变暖的国际公约，为应对未来数十年的气候变化设定了基本框架，于1994年生效。《公约》的终极目标是将大气温室气体浓度维持在一个稳定的水平，在该水平上人类活动不会对气候系统造成危险干扰。《公约》规定发达国家具有法律义务来限制自身的温室气体排放，并提供资金和技术给发展中国家；发展中国家自身不承担法律约束的义务。但《公约》只规定了全球应对气候变化的基本原则。

1997年，作为《公约》补充条款的《京都议定书》达成。它是气候政策的具体实施纲领，将国际环境立法从"软法"向具有实体性、可操作性的实质法推进了一大步。《京都议定书》的目标是将大气中的温室气体含量稳定在一个适当的水平，进而防止剧烈的气候改变对人类造成伤害。同时，《京都议定书》确立了分解指标：发达国家碳排放在2008~2012年总体上要比1990年水平平均减少5.2%，其中欧盟削减8%，美国削减7%，日本削减6%，加拿大削减6%，东欧各国削减5%~8%，而发展中国家可以不承担减排责任。《京都议定书》创新性地规定了三种补充性的市场机制来降低各国实现减排目标的成本，分别为国际排放贸易机制（以下简称IET）、联合履约机制（以下简称JI）和清洁发展机制（以下简称CDM）（见表1-2）。

表 1-2 《京都议定书》规定的三种市场机制

机制名称	机制内容
国际排放贸易机制（IET）	发达国家之间交易或转让排放额度（Assigned Amount Unit，AAU），使超额排放国家通过购买节余排放国家的多余排放额度完成减排义务，同时从转让方的允许排放限额上扣减相应的转让额度
联合履约机制（JI）	一种国际碳信用机制，发达国家之间交易和转让通过项目产生的排减单位（Emission Reduction Units，ERU），帮助超额排放的国家实现履约义务，同时在转让方的AAU 配额上扣减相应的额度
清洁发展机制（CDM）	一种国际碳信用机制，发达国家通过资金支持或者技术援助等形式，与发展中国家开展减少温室气体排放的项目开发与合作，取得相应的减排量，这些减排量被核实认证后，成为核证减排量（CER），可用于发达国家履约

资料来源：根据相关资料整理所得。

　　2015 年，《巴黎协定》在巴黎气候变化大会上获得通过并于 2016 年底生效。《巴黎协定》明确提出了全球应对气候变化的长期目标，包括：将全球平均气温较工业化之前水平的升高幅度控制在 2℃ 以内，并力争限制在 1.5℃ 以内；号召各国在 2020 年前通报 2050 年低碳排放发展长期战略。《巴黎协定》设立了透明度标准和定期回顾机制，以促进条约有效执行。透明度标准相关的安排包括国家信息通报、两年期报告/更新报告、国际评审评估和国际协商分析。定期回顾机制是：2023 年在全球范围内进行第一次盘点总结，此后每五年开展定期分析。《巴黎协定》建立了"承诺+评审"的国家自主贡献（NDC）合作模式，即各国自主制定贡献的目标、方案等，再依据全球盘点结果自愿考虑是否提高贡献力度。2015 年 6 月 30 日，中国向联合国气候变化框架公约秘书处提交了应对气候变化国家自主贡献文件《强化应对气候变化行动——中国国家自主贡献》，其中提到 2020 年的目标是单位国内生产总值二氧化碳排放比 2005 年下降 40%~45%，非化石能源占一次能源消费比重达到 15% 左右，森林面积比 2005 年增加 4000 万公顷，森林蓄积量比 2005 年增加 13 亿立方米。2020 年时，这四个目标已经全部达到，甚至超额完成了部分目标。例如，2018 年单位 GDP 二氧化碳排放比 2005 年下降了 45.8%，提前两年完成 2020 年计划目标。世界主要国家和地区的自主贡献目标如表 1-3 所示。

表 1-3 世界主要国家和地区的自主贡献目标

国家或地区	自主贡献目标
欧盟	在 1990 年基础上，至 2030 年减少不低于 55% 的温室气体排放量（包括土地利用、土地利用变化和林业排放）（2020 年 12 月更新）
中国	二氧化碳排放力争于 2030 年前达到峰值，努力争取 2060 年前实现碳中和。到 2030 年，中国单位国内生产总值二氧化碳排放将比 2005 年下降 65% 以上，非化石能源占一次能源消费比重将达到 25% 左右，森林蓄积量将比 2005 年增加 60 亿立方米，风电、太阳能发电总装机容量将达到 12 亿千瓦以上（2021 年 10 月更新）
美国	到 2030 年的排放量比 2005 年的水平减少 50%~52%（或 43%~50%，不包括土地利用、土地利用变化和林业排放）（2021 年 4 月更新）
日本	2030 年将温室气体排放量从 2013 年水平减少 46%，与到 2050 年实现净零排放的长期目标相一致（2021 年 10 月更新）
印度	在 2005 年基础上，至 2030 年单位 GDP 碳排放降低 33%~35%，非化石能源累计装机容量达 40%，到 2030 年通过额外的森林和树木覆盖创造额外 2.5~3 千兆吨二氧化碳当量的碳汇（2016 年 10 月更新）
巴西	在 2005 年基础上，至 2025 年实现减少 37% 的温室气体排放量，至 2030 年实现减少 43% 的温室气体排放量（2020 年 12 月更新）

资料来源：联合国 NDC 登记处，https：//www4. unfccc. int/sites/NDCStaging/Pages/Home. aspx。

2023 年 11 月 30 日至 12 月 13 日，《联合国气候变化框架公约》第 28 次缔约方大会（COP28）在阿联酋迪拜举行。会议完成了对《巴黎协定》的首次全球盘点[①]并指出，为实现将温升控制在 1.5 摄氏度范围内，到 2030 年必须将全球温室气体排放较 2019 年水平削减 43%，全球各国当前的努力尚不足以实现《巴黎协定》的目标。各国在最终协议文本中纳入了有关化石燃料的表述，就制定"转型脱离化石燃料"的路线图达成一致，这在联合国气候变化大会的历史上尚属首次。

二、碳达峰碳中和目标

2020 年 9 月 22 日，习近平总书记在第 75 届联合国大会一般性辩论上作出我国将力争于 2030 年前实现碳达峰、努力争取 2060 年前实现碳中和的重大宣示。

---

① 首次全球盘点始于 2021 年的 COP26，以 COP28 为终点，包括数据收集和准备、技术评估和审议产出三个阶段。

2021年3月15日举行的中央财经委员会第九次会议把碳达峰、碳中和纳入生态文明建设整体布局。2021年4月16日，习近平主席在同法国、德国领导人举行的视频峰会中宣布中国接受《〈关于消耗臭氧层物质的蒙特利尔议定书〉基加利修正案》。2021年4月15~16日，中国气候变化事务特使解振华与美国总统气候问题特使克里在上海举行会谈并发表《中美应对气候危机联合声明》。2021年5月26日，中共中央政治局常委、国务院副总理韩正主持碳达峰碳中和工作领导小组第一次全体会议，要求"扎实推进生态文明建设，确保如期实现碳达峰、碳中和目标"。

2021年9月，《中共中央　国务院关于完整准确全面贯彻新发展理念做好碳达峰碳中和工作的意见》发布，提出做好碳达峰、碳中和工作；2021年10月，国务院发布了《2030年前碳达峰行动方案》，制定了"时间表""路线图"，为碳达峰碳中和工作进行系统谋划、总体部署。这两份文件共同构成贯穿碳达峰、碳中和两个阶段的顶层设计，为碳达峰碳中和"1+N"政策体系中的"1"，发挥统领作用。"N"则包括能源、工业、交通运输、城乡建设等分领域分行业碳达峰实施方案，以及科技支撑、能源保障、碳汇能力、财政金融价格政策、标准计量体系、督察考核等保障方案。一系列文件构建起目标明确、分工合理、措施有力、衔接有序的碳达峰碳中和政策体系。

2022年10月，党的二十大报告提出，积极稳妥推进碳达峰碳中和。实现碳达峰碳中和是一场广泛而深刻的经济社会系统性变革。立足我国能源资源禀赋，坚持先立后破，有计划分步骤实施碳达峰行动。

2023年4月1日，国家标准化管理委员会、国家发展和改革委员会、工业和信息化部等十一部门联合印发《碳达峰碳中和标准体系建设指南》，提出围绕基础通用标准，以及碳减排、碳清除、碳市场等发展需求，基本建成碳达峰碳中和标准体系。到2025年，制修订不少于1000项国家标准和行业标准（包括外文版本），与国际标准一致性程度显著提高，主要行业碳核算核查实现标准全覆盖，重点行业和产品能耗能效标准指标稳步提升。

2023年12月27日，《中共中央　国务院关于全面推进美丽中国建设的意见》发布，提出到2027年和到2035年美丽中国建设的主要目标、重大任务和重大改革举措，这对于统筹产业结构调整、污染治理、生态保护、应对气候变化，协同推进降碳、减污、扩绿、增长，以高品质生态环境支撑高质量发展，加快形成以实现人与自然和谐共生现代化为导向的美丽中国建设新格局，筑牢中华民族伟大复兴的生态根基具有重大意义。

三、碳减排政策工具

1. 命令控制型和市场激励型政策工具

基于是否引入市场机制，可以将碳减排政策工具分为两类：命令控制型和市场激励型。命令控制型政策工具是指通过法律法规、行业标准等形式，直接对被管控方的碳减排行动目标和内容做出规定。这类政策具有强制性好、执行效率高的优点。但由于其规定相对细致、缺乏灵活性，被管控方的自主决策空间被大大压缩。目前我国已实施的命令控制型碳减排相关政策包括：将碳排放影响纳入项目环评，设立环评标准；设立新建煤电机组和其他工业项目的技术准入门槛；设置钢铁、水泥项目的产能置换比例标准；强制规定工业过程中副产的三氟甲烷（HFC-23）不得直接排放等。

市场激励型政策工具是指政府利用市场机制形成市场信号来引导被管控方进行减排决策。这类政策通常只规定整体减排目标，不对具体减排行为提出要求，从而给予企业较大的自主决策空间。相较于命令控制型政策，市场激励型政策一方面能够促进被管控方的减排资源通过市场力量进行高效分配，从而降低整体减排成本；另一方面可以更好地调动各被管控方进行更多的技术创新、管理创新的积极性来降低自身减排成本。目前我国已实施的市场激励型碳减排相关政策包括碳排放权交易、用能权交易、绿证、可再生能源上网电价补贴、化石能源资源税、绿色融资等。这些政策都是通过对温室气体排放量或能源消耗量进行定价、产生减排相关价格信号的方式，引导企业减排。其中，针对温室气体排放量的碳定价机制是更为直接的市场激励型碳减排政策工具。

2. 碳定价：碳税和碳市场

根据管控的价格或数量，碳定价机制可以划分为基于价格的碳税政策和基于数量的碳市场政策。

碳税，指的是政府要求被管控方按照一定税率对其所排放的每吨二氧化碳缴纳税收。在税收手段下，碳价格是由政府通过税率固定的，但碳排放量（或减排量）则由企业根据碳价格和自身减排成本的差异来确定，相对不可控。因此，碳税手段被称为"基于价格"的政策手段。

碳市场的主要运作原则是"总量控制与交易"，即政府规定所有被管控方的排放总量上限，并要求各被管控方排放的每吨二氧化碳都必须获得相应的碳排放配额用于履约抵销；企业可通过一级市场配额分配、拍卖或二级市场购买的方式获得其所需配额，也可通过二级市场销售的方式卖出配额盈利；市场上的配额价格代表碳价格。碳市场的碳排放总量由政府设定，碳减排量是可控的；而碳价格则由企业根据对市场配额供需的判断来确定，相对不可控。因此，碳市场手段通常被称为"基于数量"的政策手段。

在理想的市场机制作用下，碳税和碳市场的配额价格都等于被管控方的边际减排成本，从而碳税和碳市场可以通过参数调整达到相等的减排效果。但实际生活中，在信息不对称、不确定性冲击、交易费用等因素的作用下，两类政策的设计过程和实施效果具有显著差异，从而适用的被管控方也不同（见表1-4）。

表1-4　碳税和碳市场的比较

	碳税	碳市场
政策手段	价格手段，直接价格信号	数量手段，间接价格信号
政策成本	信息成本高，实施成本低，综合成本低，可以实现收入再分配，主要依托现有税政体系实施	信息成本低，实施成本高，综合成本高，需要设置新机构和配套基础设施
实施范围	范围宽，更适用于小型排放源	范围窄，更适用于大型排放源
实施效果	见效快，碳减排确定性低，公平性高，稳定税率可形成稳定预期	见效慢，碳减排确定性高，公平性低，碳价格存在波动

由于全球温室气体排放总量目标相对明确，大型工业设施类温室气体排放源较多、对全球排放量贡献大，因此从目标适配性和执行成本方面考虑，碳市场成为全球和各国碳治理的主要政策工具。

四、碳市场的类型

在碳税和碳市场这一划分原理的基础上，根据具体呈现形式，世界银行发布的《碳定价机制发展现状与未来趋势2020》将全球碳定价机制进一步划分为碳税、碳排放交易体系、碳信用机制、基于结果的气候金融和内部碳定价五种机制（见表1-5）。其中，后四类都是碳市场的具体表现形式，碳排放交易体系和碳信用机制是用途最广泛的碳市场形式。这两类碳市场分别是强制碳市场和自愿碳市场的主要代表形式。

表 1-5　碳定价机制的类型

碳排放定价机制	机制解读
碳税	明确规定碳价格的各类税收形式，将二氧化碳等温室气体（以二氧化碳为当量标准，$CO_2 e$ 单位计量）带来的环境成本直接转化为生产经营成本
碳排放交易体系（Emissions Trading System，ETS）	为排放者设定排放限额，允许通过交易排放配额的方式进行履约
碳信用机制	除碳信用机制是常规情景外，自愿进行减排的企业是可交易的排放单位。它与碳排放交易体系的区别在于，碳排放交易体系下的减排是出于强制义务。如果政策制定者允许，碳信用机制所签发的减排单位也可用于碳税抵扣或碳排放交易体系的交易
基于结果的气候金融（Result-Based Climate Finance，RBCF）	投资方在受资方完成事前约定的气候项目时进行付款。相比碳排放交易体系为减排行动"事前"的参与者提供激励手段，基于结果的气候金融是一种"事后"激励措施。非履约类自愿型碳信用采购是基于结果的气候金融的一种实施形式
内部碳定价	是指机构在内部政策分析中为温室气体排放赋予财务价值以促使将气候因素纳入决策考量之中

资料来源：世界银行发布的《碳定价机制发展现状与未来趋势 2020》。

强制碳市场和自愿碳市场的根本区别在于排放者是否负有强制减排义务。强制碳市场的强制减排义务可以保障减排量的确定性，从而保障减排目标的实现，同时需要以坚实的法律基础和执法能力作为保障，以一系列复杂的制度设计和机构安排来保障减排义务分配的公平性。因此，强制碳市场成为多个国家或地区实现减排目标的主要政策手段，而自愿碳市场则更多作为补充性政策手段。强制和自愿碳市场都需要建立科学、严格的方法学来核算排放量，但由于用途不同，强制碳市场多以排放者生产边界来计算其排放情况，而自愿碳市场则多以项目边界来核定其减排量。

强制碳市场中配额总量受限可以通过形成稀缺性来保障配额的价值，也有助于市场参与者对配额价值形成稳定预期；反过来，出于履约和盈利需求，强制碳市场的参与者也有更为明确和强烈的配额交易诉求和对配额价格波动的风险管理诉求。因此，在实际表现上，相比自愿碳市场，强制碳市场的参与者数量更多，配额交易情况更为活跃，许多强制碳市场都形成了期货、期权等金融衍生品交易体系。

强制碳市场和自愿碳市场也并不是完全割裂的。如果政策制定者允许，自愿碳市场中，碳信用机制所签发的减排单位也可用于 ETS 的抵销与交易，从而成为强制碳市场的重要补充机制。根据碳信用产生方式和机制管理方式，可将这些机制分为三类：一是国际碳信用机制；二是独立碳信用机制；三是区域、国家和地方碳信用机制（见表 1-6）。

表 1-6　碳信用机制的分类

碳信用机制的分类	描述
国际碳信用机制	由国际气候条约制约的机制，通常由国际机构管理，如清洁发展机制以及联合履约机制
独立碳信用机制	不受任何国家法规或国际条约约束的机制，由私人和独立的第三方组织（通常是非政府组织）管理，如黄金标准（Gold Standard）和核证碳标准（Verified Carbon Standard）
区域、国家和地方碳信用机制	由各自辖区内立法机构管辖，通常由区域、国家或地方各级政府进行管理，如澳大利亚减排基金（Australia Emissions Reduction Fund）和美国加州配额抵消计划（California Compliance Offset Program）

资料来源：世界银行发布的《碳定价机制发展现状与未来趋势 2020》。

第二节　碳市场和碳价形成机制

一、碳市场基本原理和核心要素

（一）碳市场概况

碳市场是指以控制温室气体排放为目的，以温室气体排放配额或温室气体减排信用为标的物进行的市场交易。与传统的实物商品市场不同，碳交易看不见、摸不着，是通过法律界定、人为建立起来的政策性市场，其设计的初衷是为了在特定范围内合理分配减排资源，降低温室气体减排成本。

随着全球各个国家和地区着手落实《巴黎协定》及其国内应对气候变化的

目标，碳市场正在不断兴起和发展。碳市场作为迈向碳中和的重要政策工具，在低碳经济转型过程中正发挥着关键作用。在过去的几年中，全球碳市场的版图经历了一系列的演变发展，一些碳市场经过调整后提升了覆盖范围和灵活性，另一些碳市场则投入运行。在多个国家和地区不断推进其碳市场建设进程的同时，新的碳市场计划也被更多的政府提出。2023 年 3 月 22 日，ICAP[①] 秘书处发布《全球碳排放权交易：ICAP 2023 年进展报告》，自 2014 年第一份年度进展报告发布以来，全球实际运行的碳市场数量增加了一倍多，从 13 个增加到目前的 28 个，碳市场覆盖的排放量占全球温室气体排放总量的比例也从 8% 跃升到 17%，从 2014 年的不到 40 亿吨增加到 90 亿吨。

截至 2023 年 1 月，全球共有 28 个碳市场正在运行。另外有 8 个碳市场正在建设中，预计在未来几年内投入运行。这些计划实施的碳市场包括哥伦比亚、印度尼西亚和越南的碳市场。12 个司法管辖区亦开始考虑碳市场在其气候变化政策组合中可以发挥的作用，其中尼日利亚是首个出现在地图中的非洲司法管辖区。这些正在运行的碳市场的司法管辖区占据了全球 GDP 的 55%，覆盖了全球 17% 的温室气体排放。

中国全国碳排放权交易市场于 2021 年 7 月正式启动，首批参加交易的电力企业为 2162 家，覆盖超过 45 亿吨二氧化碳排放量，覆盖排放量占到全球温室气体排放总量的 7.4%。中国碳市场覆盖排放规模已超过欧盟，成为全球"覆盖碳排放量"最大的碳市场。

截至 2023 年底，全球范围内统一的碳市场并未形成，但不同碳市场之间开始尝试进行链接。欧盟碳市场作为全球规模最大的碳市场，已成为碳市场的领跑者。美国是排污权交易的先行者，但由于各种因素一直未形成统一的碳市场，当前是多个区域性质的碳市场并存的状态，且覆盖范围较小。

（二）碳市场基本原理

碳市场是应对气候变化的重要政策工具之一，其最大的创新之处在于通过"市场化"的方式为温室气体排放定价。通过发挥市场机制的作用，合理配置资源，在交易过程中形成有效碳价并向各行业传导，激励企业淘汰落后产能、转型

---

① 国际碳行动伙伴组织（ICAP）是一个国际政府间论坛，于 2007 年创立。该机构旨在为全球已经实施或有兴趣发展碳市场的各级政府提供一个政策对话和交流合作的平台。截至 2022 年 5 月，ICAP 拥有欧盟委员会、法国、德国、东京都政府等 34 个成员，以及加拿大、日本、韩国等 7 个观察员。

升级或加大研发投资（见图 1-1）。碳市场机制的建立，特别是碳金融的发展，有助于推动社会资本向低碳领域流动，鼓励低碳技术创新，推动经济增长的新型生产模式和商业模式产生，为培育和创新发展低碳经济提供动力。

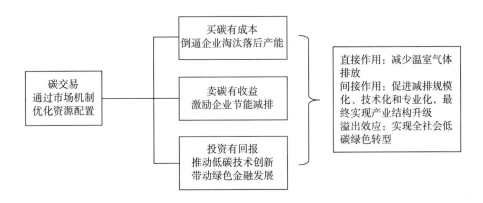

图 1-1　碳交易机制通过市场机制优化资源配置

　　碳市场是碳交易制度理论在应对气候变化时的一种实践，而其理论根源可以追溯到科斯于 1960 年提出的产权理论，即通过产权的确定使资源得到合理的配置，避免无主公共物品的公地悲剧。

　　碳市场的基本原理包括总量控制交易机制（Cap-and-Trade）和基线信用机制（Baseline-and-Credit）（见表 1-7）。大部分碳排放交易体系采用总量控制交易机制，即通过立法或其他有约束力的形式，对一定范围内的排放者设定温室气体排放总量上限（Cap），排放总量分解成排放配额，依据一定原则和方式（免费分配或拍卖）分配给排放者。配额可以在包括排放者在内的各种市场主体之间进行交易（Trade），配额代表了碳排放权，排放者的排放量不能超过其持有的配额量。在每个履约周期结束后，管理者要对排放者进行履约考核，如果排放者上缴的配额量少于排放量，则视为没有完成履约责任，必须受到惩罚。总量控制交易机制下，配额的总量设置和分配实现了碳排放权的确权过程，减排成本的差异促使交易的产生。减排成本高的企业愿意到市场上购买配额以满足需要；而减排成本低的企业则要进行较多的减排以获取减排收益，最终减排由成本最小的企业承担，从而使在既定减排目标下的社会整体减排成本最小化。

表 1-7　京都灵活履约机制对应的碳市场交易原理

交易原理	京都灵活履约机制	交易标的	
总量控制交易机制 （Cap-and-Trade）	排放交易机制 （Emission Trading, ET）	碳排放 配额	分配数量单位 （Assigned Amount Unit, AAU）
基线信用机制 （Baseline-and-Credit）	联合履约机制 （Joint Implementation, JI）	碳减排 信用	减排单位 （Emission Reduction Unit, ERU） 核证减排量 （Certified Emission Reduced, CER）
	清洁发展机制 （Clean Development Mechanism, CDM）		

　　基于基线信用机制的碳市场是对总量控制碳市场的补充，当碳减排行为使实际排放量低于常规情景下的排放基准线时会产生额外的碳减排信用，碳减排信用可用于出售，最典型的基线信用机制应用是基于项目的碳市场。例如，《京都议定书》的清洁发展机制和联合履约机制。碳减排信用的需求来自两类：第一类来自总量控制碳市场的抵销机制，碳减排信用可以部分代替碳排放配额来完成履约责任，以降低履约成本，这也是设计 CDM 和 JI 的初衷；第二类来自自愿市场的交易，企业或个人可以购买减排量来中和自身的碳排放，履行社会责任。

（三）碳排放交易体系的核心要素

表 1-8 展示了全球主要碳排放交易体系设计要素对比。

表 1-8　全球主要碳排放交易体系设计要素对比

碳市场	欧盟碳市场	RGGI 碳市场	中国全国碳市场
区域	27 个欧盟成员国和 3 个非欧盟国家	美国东北地区 11 个州	中国
中期减排目标	2030 年比 1990 年减排 55%	2030 年比 1990 年减排 40%	2030 年碳达峰
碳中和目标	2050 年碳中和	暂无碳中和目标	2060 年碳中和
覆盖范围	电力、工业、航空行业的超过 1 万个排放单位，涵盖排放总量的约 39%	电力行业的 168 个排放单位，涵盖排放总量的约 10%	电力行业的 2162 家重点排放单位，涵盖排放总量的约 40%；预计"十四五"期间将逐步纳入八大重点行业
配额总量	设定配额总量上限，总量逐步下降	设定配额总量上限，总量逐步下降	暂无配额总量上限，根据实际产出量核定企业配额数量

续表

碳市场	欧盟碳市场	RGGI 碳市场	中国全国碳市场
配额分配	初期历史法免费分配为主；2013 年至今拍卖比例逐渐增大	全部拍卖	全部免费分配；电力行业采用基准法分配
现货上市时间	2005 年 1 月	2009 年 1 月	2021 年 7 月
期货上市时间	2005 年 4 月	2008 年 8 月	暂未上市碳期货
市场活跃度	现货换手率约 45% 期货换手率约 530%（2020 年数据） 推出碳期货显著增加了市场活跃度	现货换手率约 140% 期货换手率约 360%（2020 年数据） 推出碳期货显著增加了市场活跃度	现货换手率约 5%（2021 下半年数据） 暂未上市碳期货

资料来源：根据公开资料整理。

碳排放交易体系的核心要素包括覆盖范围，配额总量，配额分配，排放监测、报告与核查，履约考核，抵销机制，交易机制（见图 1-2）。

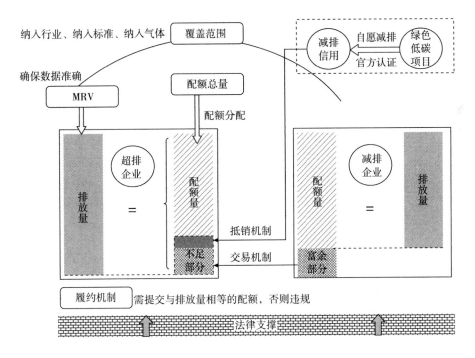

图 1-2　碳排放交易体系的核心要素

1. 覆盖范围

碳排放交易体系的覆盖范围包括碳交易体系的纳入行业、纳入气体、纳入标准等。通常，覆盖的参与主体和排放源越多，则碳交易体系的减排潜力越大，减排成本的差异性越明显，碳交易体系的整体减排成本也就越低。但是，并不是覆盖范围越大越好，因为覆盖范围越大，对排放的监测报告和核查的要求越高，管理成本也越高，同时也加大了碳交易的监管难度。图1-3展示了2023年所有正在运行的碳市场所覆盖的行业。

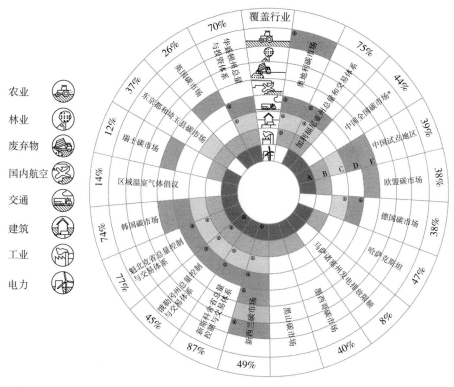

- Ⓐ 福建省碳市场覆盖电网行业
- Ⓑ 北京市，重庆市，福建省，广东省，湖北省，上海市，深圳市，天津市
- Ⓒ 北京市，上海市
- Ⓓ 北京市，上海市，深圳市
- Ⓔ 福建省，广东省，上海市
- ⊕ 该行业代表上游覆盖范围

图1-3 行业覆盖范围

资料来源：《2023年度全球碳市场进展报告》。

碳排放交易体系所覆盖的行业主要包括电力、工业、建筑、交通、国内航空、废弃物、林业[①]。

中国自2013年起陆续启动的八个试点碳排放权交易市场的覆盖行业以电力和工业为主，部分试点进一步纳入了建筑、交通、航空行业。2021年中国全国碳排放权交易市场启动，初期纳入电力行业，覆盖排放量超过40亿吨，已成为全球覆盖碳排放量最大的碳市场，并计划进一步扩大覆盖范围，在"十四五"期间逐步纳入包括建材、有色、钢铁、石化、化工、造纸、航空等在内的重点行业。据统计，上述八大行业的碳排放总量合计约占我国碳排放的80%（见图1-4）。

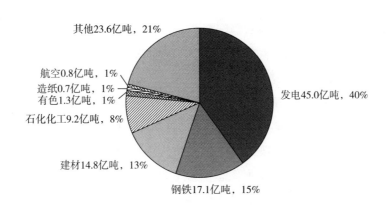

其他23.6亿吨，21%
航空0.8亿吨，1%
造纸0.7亿吨，1%
有色1.3亿吨，1%
石化化工9.2亿吨，8%
发电45.0亿吨，40%
建材14.8亿吨，13%
钢铁17.1亿吨，15%

图1-4 中国各行业碳排放值及占比

资料来源：根据公开资料整理。

2. 配额总量

配额总量的多寡决定了配额的稀缺性，进而直接影响碳市场的配额价格。碳排放配额总量越多，价格越低；碳排放配额总量越少，价格越高。碳排放配额总量的设置，一方面应确保地区减排目标的实现，另一方面应低于没有碳交易政策下的照常排放，配额总量与照常排放的差值代表了需要做出的减排努力。"更严格的"或"更具雄心的"总量意味着更少的配额，这将导致配额的稀缺性和更

[①] 当行业有至少一部分控排企业面临明确的履约义务时，该行业被视为覆盖行业。由于纳入门槛等限制，通常并非该行业所有的设施都被纳入碳市场进行监管。

高的碳价。但若配额总量高于没有碳交易政策的照常排放，那么碳排放交易体系将会因配额过量而价格低迷。

政府设定碳排放权交易体系中各行业所允许排放温室气体的最大总量值，即"总量控制与交易"中的总量控制部分。总量控制的限额应提前设定，总量应随着时间推移逐步下降。碳排放交易体系的总量应该和该地区的总体节能减排目标相匹配。这能向市场传递出长期的价格信号，帮助企业更好规划和投资，从高碳高能耗向绿色低碳领域转型。

全球主流碳排放交易体系以欧盟碳排放交易体系（EU ETS）和美国区域性碳排放交易体系（RGGI）为主。欧盟碳排放交易体系实行总量控制，配额总量不断收缩。欧盟碳排放交易体系的配额总量在 2005～2012 年由各成员国制订国家分配方案，自下而上加总为欧盟配额总量。根据国际能源署（IEA），从 2013 年开始，由欧盟委员会统一制定配额总量，配额总量分别按照年均下降 1.74% 和 2.2% 的幅度递减，配额总量递减速率加快。

RGGI 是美国第一个强制性碳市场。RGGI 由美国 11 个州组成，主要覆盖了美国东北部和中大西洋区域。RGGI 实行配额总量控制机制，配额首先会分配到各州，再由州分配到企业。根据国际碳行动伙伴组织（ICAP），RGGI 的配额总量分阶段下降，2009～2011 年配额总量为 1.88 亿吨，2012～2013 年配额总量为 1.65 亿吨，2014～2020 年配额总量从 0.84 亿吨降到 0.61 亿吨。

不同于美国区域性碳排放交易体系和欧盟碳排放交易体系，中国碳排放权交易市场处于发展初期，试点碳排放权交易市场和全国碳排放权交易市场均采用自下而上的配额总量设定方式，暂未实行绝对总量控制。然而，从国际上相对成熟的碳市场经验来看，实行总量控制将是中国碳排放权交易市场未来的发展趋势。

3. 配额分配

总量控制一旦确定，政府需要在履约机构（如企业）中分配可交易的碳排放配额。碳排放配额分配是碳交易制度设计中与企业关系最密切的环节。一个配额代表一吨温室气体的排放权。配额分配方法主要包括免费分配和有偿拍卖两大类。政府可通过免费分配、有偿拍卖或两者相结合的方式分配配额。配额分配方式的选择和设定既会影响企业控制碳排放的路径和方法，也会影响市场的碳排放配额价格。

在碳交易刚刚启动时，往往采用免费分配方法对配额进行分配。常用的免费分配方法包括历史法和基准法。历史法是指根据企业自身的历史排放总量或者历史排放强度发放配额，要求企业相比于自身历史排放有一定的下降，对同一行业提出统一的下降目标，执行相对简单。但历史法经常会出现的问题是"鞭打快牛"，即过去在减排控排做得并不好的企业，由于其历史排放高而得到了更多的配额。基准线法使用行业统一的基准值作为标准进行计算，为特定产品的每单位产量提供免费配额量。该方法可以保障配额的分配随着产品产量的变化而调整，并真正做到鼓励先进，淘汰落后。但由于生产总量的不确定性，基准线法难以保证配额总量不超过碳市场体系的总量，且生产流程差异较大的行业无法采用。

通过拍卖方式有偿分配配额是一种有效的促进减排的方法。拍卖还能为公共收入提供新增长点，但拍卖也可能导致企业碳成本过高，实施难度较大。尤其是刚开始执行碳交易政策的地区，强行推广将面临很大的压力。

事实上，多数碳市场采用混合模式，从以免费分配为主，逐步转向有偿拍卖。

4. 排放监测、报告与核查

排放量数据的准确性是碳排放交易体系赖以存在的根基。而碳排放的监测、报告与核查（Monitoring，Reporting and Verification，MRV）体系是确保排放数据准确性的基础，因此 MRV 的实施效果，对碳排放交易政策的可信度至关重要。MRV 就是数据收集、整理和汇总的实践。只有健全的 MRV 机制，才能确保温室气体排放数据的准确性和可靠性。从时间维度来说，MRV 每年的工作内容大致可以分为以下几步：

（1）企业根据监管机构要求和自己提交的年度监测计划开展排放监测工作；

（2）企业每年在规定时间节点前，向管理机构提交年度排放报告；

（3）由独立的地方核查机构对排放报告进行核查，并在规定时间节点前出具核查报告；

（4）监管机构对排放报告和核查报告进行审定，在规定时间节点前确定企业上一年度排放量；

（5）排放企业在每年年底提交下一年度的排放监测计划，作为下一年度实施排放监测的依据。

MRV 工作（见图 1-5）必须由排放企业、管理机构和独立的第三方核查机构共同完成。管理机构颁布的各项法规制度是 MRV 体系的法律基础和制度基础。企业依据相关法规的温室气体排放数据监测（M）是后续进行温室气体排放报告（R）的前提。企业的温室气体排放数据监测和报告又是第三方机构进行核查工作的（V）基础，同时核查工作的开展，又可以帮助企业完善和改进自身温室气体排放数据监测和报告。这三个方面相互支撑，是相辅相成缺一不可的。

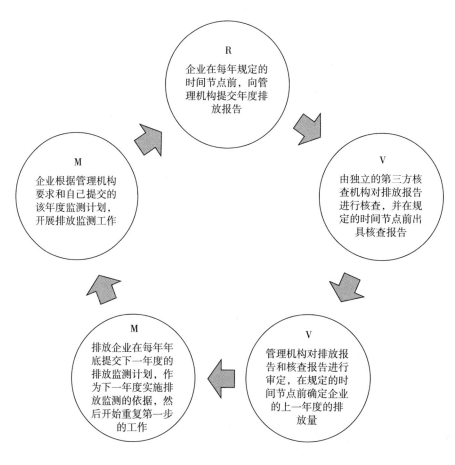

图 1-5　MRV 工作内容

5. 履约考核

履约考核是每一个"碳交易履约周期"的最后环节，也是确保碳排放交易体系对排放企业具有约束力的基础，基本原理是将企业在履约周期末所上缴的履约工具（碳排放配额或减排信用）数量与其在该履约周期的经核查排放量进行核对，前者大于等于后者则被视为合规，小于后者则被视为违规，要受到惩罚。履约以及履约的公信力对整个碳市场的完整性和效果至关重要。未履约惩罚是确保碳交易政策具有约束力的保障，主管部门必须通过有公信力的惩罚制度确保履约，包括向社会公告违规行为、罚款、赔偿等措施的组合。

6. 抵销机制

抵销机制是指通过减少来自碳排放交易体系范围外活动的排放来获取减排量。抵销机制可以在不影响体系整体环境完整性的前提下提供更多灵活性，有助于增加市场流动性。同时，抵销机制也是影响市场供给量和碳价的重要补充机制，其规模和范围也影响着重点排放单位之外的企业参与程度。

抵销机制主要有两大渠道——本国境内产生的国内抵销及在其他国家或地区产生的国际抵销。抵销信用发放前必须经过严格审查，以确保减排的真实性和额外性，即这些减排原本并不会发生。然后，企业可购买这些信用额度来完成其在碳排放交易体系下的部分履约义务。典型的抵销项目包括可再生能源、节能改造、废弃物管理、农业及林业等项目。因为抵销信用来自碳排放交易体系之外，所以增加了碳排放交易体系内允许的排放量（即总量）。因此，政府通常限制可供使用的抵销额度（如企业获得的配额数量或者所需履约水平的某一百分比），以确保大多数的减排发生在碳排放交易体系所覆盖的行业范围之内。此外，为保持所使用抵销机制的质量，碳市场政策制定者通常会按项目类型或者来源地对其加以限制。

7. 交易机制

碳交易体系是为了发挥市场机制的优势，实现对碳排放权这一稀缺资源的优化配置而形成的制度体系。配额价格既随着政策制定者控制的供给与需求之间的平衡而变化，也会由经济和企业层面因素之间复杂的相互作用而变化。

碳排放权的交易动机和背后的经济学原理是推动碳期货市场顺利运行的重要基石。碳排放权交易制度规定了控排企业的碳排放总量，当企业需要超过自身限额的碳排放配额时，企业此时有两种方法可以采取：一是通过提高资源使用效率或减产来削减排放量；二是在碳交易市场中购买所需的排放量。

对于一个理性的经济主体而言，采取第一种方法的成本很高，如果选择减产就相当于企业主动抑制自身的业务规模发展，另外，想在短时间内提高资源的使用率也很困难并且需要投入大量成本。因此，企业的最佳选项就是采取第二种方法来控排。

理性的经济主体要将自己的边际减排成本与购买排放配额的边际价格进行比较，当获得排放量的价格低于自行减排的成本时，该经济主体将选择购买排放量。CCER 的抵销机制和碳排放配额的有效节存是在帮助企业以最小的成本减排所设置的机制或所进行的行为，其经济学原理是以最小的成本实现最大的减排收益。由于参与碳排放权交易的各方有着不同的边际减排成本，因此，在交易费用低于交易所能带来的净收益的情况下，双方减排企业通过交易，可以使各自的边际成本相等，从而达到在满足减排目标的同时总成本控制在最小的目的。

碳交易根据交易品种和交易方式可以分为不同类型。按交易品种可以分为碳排放配额交易和减排量交易，按交易方式可以分为现货交易和期货交易，此外还可衍生出期权、远期、掉期等其他衍生品交易。现货市场中交易的碳排放配额以及减排量为碳期货和衍生品交易提供基础，碳期货具备价格发现、套期保值、资源配置功能，能有效推动碳市场体系的建设和碳定价机制的完善。

从全球碳交易市场的市值和交易量来看，2005 年以来碳市场发展迅速，总成交额在 2011 年一度达到高峰。但随着全球金融危机持续、《京都议定书》前景不明，2014~2016 年全球碳市场交易量、交易额双双下滑，2018 年后，随着欧盟碳排放交易体系的重振和各国对气候变化的越发重视，全球碳市场无论在数量还是价值上都开始强劲复苏。2022 年，全球碳交量总量达到 125 亿吨，全球碳市场发展前景十分广阔（见图 1-6）。

根据国际碳行动伙伴组织近十年的跟踪调查，全球碳市场配额价格整体呈现两个趋势：一是配额价格整体处于上升通道，虽然受新冠肺炎疫情的影响，2020 年上半年碳排放配额价格普遍下挫，但下半年开始配额价格迅速企稳，尤其是欧盟碳市场价格急速抬升，因为 2021~2030 年欧盟碳市场将实施更加严格的政策，将年度总量折减因子由 1.74% 提高到 2.20%，碳排放配额的稀缺助涨价格上升。二是不同碳市场价格相差悬殊（见图 1-7），且市场成熟度和配额价格正相关。

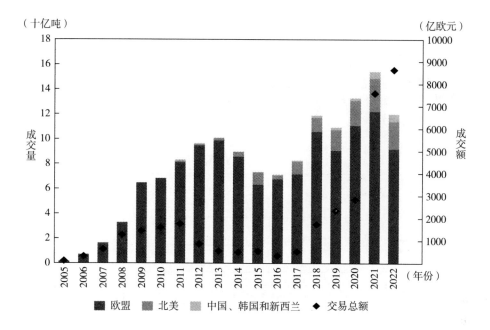

图1-6　2011~2022年全球碳市场成交情况

资料来源：根据公开数据整理。

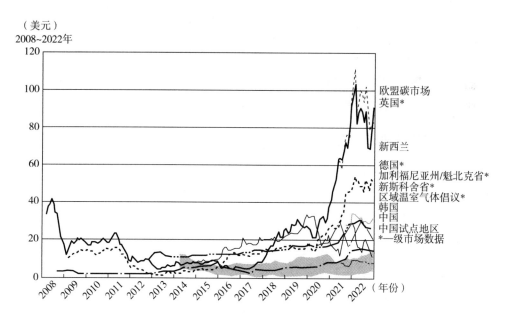

图1-7　全球碳市场配额价格相差悬殊

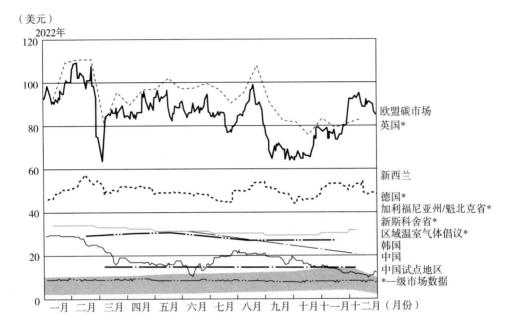

图 1-7 全球碳市场配额价格相差悬殊（续）

资料来源：国际碳行动伙伴组织（ICAP）2023 年度报告。

截至 2023 年底，欧盟碳市场配额价格约 80 欧元/吨（折合人民币约 610 元/吨），而同期中国全国碳排放权交易市场配额价格约为 79 元/吨，两者差距约为 7.5 倍。欧盟碳市场月成交额超过 600 亿欧元，而同期中国全国碳排放权交易市场月成交额仅数亿元。可见，中国碳市场仍有较大发展空间。

二、碳定价机制和碳期货市场机理

（一）碳价形成机制

1. 基本理论

气候变化问题是国际社会目前面临的最关键挑战之一，而实施碳定价是应对气候变化的有效途径之一。碳定价，顾名思义就是给碳排放权定价，通过赋予碳排放一定的价值属性，进一步推动温室气体减排并实现低碳发展，主要的政策手段包括碳市场和碳税等经济工具。

在市场经济中，企业是决定价格的主体。根据"理性人"假设，在定价过程中，企业的边际成本等于边际收益时会实现利润最大化。因此影响企业定价的因素有两个，即企业的边际成本和商品的市场需求价格弹性。企业的边际成本越低、商品的需求弹性越大，则企业的定价越低。企业制定价格后，市场价格的形成会受到供求关系的影响。

对于碳市场而言，碳价形成的根本原因在于政府碳排放配额供给和控排企业碳排放配额需求之间的平衡。配额供给来自政府设定的碳市场整体减排目标，而配额需求来自控排企业的实际排放量。从市场结构来说，碳市场可分为一级市场和二级市场。在一级市场中，政府通过免费分配或配额拍卖的形式向企业发放配额，政府为配额供给方，控排企业为配额需求方。由于不同企业的生产技术存在差异，控排企业的实际排放量会超过或低于其从一级市场所获的配额量，这会导致低排放企业存在配额盈余而高排放企业存在配额缺口，从而形成了碳排放权交易市场，即二级市场上的供需方。在二级市场中，供需方根据各自的边际减排成本和配额市场需求的价格弹性提供价格报价，然后通过多次协商进行价格匹配，最终形成配额的交易价格。

在全球范围内，各国家和地区在实施碳定价制度上存在以下三种选择类型：碳市场、碳税、前述两种制度并行。截至 2023 年 4 月，全球范围内运行的碳定价机制共计 73 种（见表 1-9），较 2022 年增加了 6 种，分别是奥地利、美国华盛顿州和印度尼西亚的碳市场，以及墨西哥的克雷塔罗州、墨西哥州、尤卡坦州的地方碳税。根据世界银行统计分析，当前全球范围内运行的 73 种碳定价机制覆盖了 23% 以上的全球温室气体排放量，与 12 个月前相比增加了不到 1%，这是因为大多数实施了碳税或 ETS 的司法管辖区，温室气体排放正在减少。此外，碳定价机制在 2022 年全球范围内产生了接近 950 亿美元的收入，与 2021 年相比增长了 10% 以上。

表 1-9　各国/地区的碳定价机制

	碳市场（共 36 个）	碳税（共 37 个）
国家级别	奥地利、加拿大联邦、中国、德国、印度尼西亚、哈萨克斯坦、韩国、墨西哥试点、黑山、新西兰、瑞士、英国（共 12 个）	阿根廷、加拿大、智利、哥伦比亚、丹麦、爱沙尼亚、芬兰、法国、冰岛、爱尔兰、日本、拉脱维亚、列支敦士登、卢森堡、墨西哥、荷兰、挪威、波兰、葡萄牙、新加坡、南非、西班牙、瑞典、瑞士、英国、乌克兰、乌拉圭（共 27 个）

续表

	碳市场（共36个）	碳税（共37个）
次国家级别和区域级别	阿尔伯塔、不列颠哥伦比亚、北京、加利福尼亚、重庆、欧盟、福建、广东、湖北、马萨诸塞、新布伦瑞克、纽芬兰与拉布拉多、新斯科舍、安大略、俄勒冈、魁北克、RG-GI、埼玉、萨斯喀彻温、上海、深圳、天津、东京、华盛顿（共24个）	不列颠哥伦比亚、杜兰戈、新布伦瑞克、纽芬兰与拉布拉多、西北地区、爱德华王子岛、克雷塔罗、墨西哥州、尤卡坦、扎卡特卡斯（共10个）

资料来源：根据世界银行《2023碳定价发展现状与未来趋势》整理。

2. 碳价形成的影响因素

长期来看，碳市场中的碳价形成主要取决于一级市场中配额的供需情况。影响一级市场配额供需的因素来自多个方面（见图1-8），这些因素共同决定了配额价格及其走势。除供需因素外，配额的分配方式也会对碳价形成产生影响。

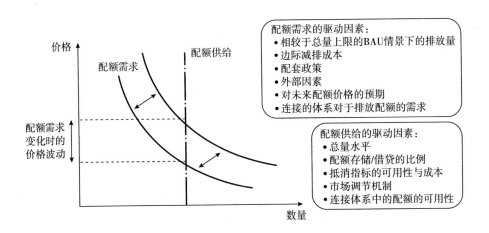

图1-8　碳市场中的配额价格形成机制

资料来源：ICAP. Emission Trading in Practice：A Handbook on Design and Implementation（Second Edition）[R]. Washington DC：World Bank，2021.

（1）配额供给

碳市场的配额供给来自于政策制定者，其总供给量取决于碳市场的总量水平和通过其他灵活性机制增加的配额供给。

一般而言，"更严格的"或"更具雄心的"总量意味着更少的配额供给，这会导致配额的稀缺及配额价格的提升。政策制定者在设定总量时可采用自上而下①或自下而上②的方法，无论采用哪种方法，政策制定者在设定总量目标时都需要参考历史排放量和经济数据、原工业化路径（BAU③）下的排放路径预测、所纳入行业的减排潜力和减排成本等。对于基于碳排放强度的总量预测而言，还需选取不同行业的排放强度基准值，并对未来所纳入行业的经济增长率和活动水平进行预测。可以看出，在总量设定的过程中，政策制定者会对纳入行业未来的配额需求进行预测，因此总量设定过程中兼具了对供需两方面因素的考量，是价格形成最关键的环节。

为了增加履约的灵活性，碳市场还可建立配额存储与借贷机制，允许从以往履约周期结转（存储）或从未来履约周期预支（借贷）一定比例的配额量。碳市场还可允许控排企业使用一定数量的经核证的抵销指标，以降低控排企业的履约成本。这些措施增加了一级市场的配额供给途径，也构成了碳市场中价格形成的重要因素。部分碳市场为了管控配额价格，会采取市场调节措施，如设立配额存储量阈值或价格阈值触发的配额供给调整来调控碳价，这也会影响到配额供给，进而对碳价形成产生影响。此外，如果存在与其他碳市场的连接，则连接体系的配额供给也会影响价格形成。

总的来说，供给量在很大程度上取决于政策制定者的市场设计。这种相关性既可以直接通过设定总量来实现，也可以间接通过设定与抵销指标、存储、借贷或体系连接相关的规则来实现。

（2）配额需求

排放配额的总需求在很大程度上取决于现有的温室气体减排技术、市场参与者对未来碳价的预期、外部冲击、市场参与者的定价决策等。根据价格理论，企业的定价决策跟其边际减排成本和配额市场需求的价格弹性有关。综合来看，配额需求的重要影响因素包括：①与总量设定相关的 BAU 情景下的排放水平；②覆盖行业的减排成本，这主要受到现有技术、资本存量、经济条件等因素的影

---

① 政府根据整体减排目标以及覆盖行业减排潜力和减排成本的宏观评估结果来设定总量。

② 政府首先针对各行业、子行业或参与者的排放量、减排潜力和减排成本进行更为微观的评估，分别确定各行业相应的合适减排潜力。其次将各行业、子行业或参与者的减排潜力数据加总，据此确定碳市场总量控制目标。

③ BAU：Business as usual，即某个机构或组织正常的运行状态和活动，这里指对没有碳市场情景下的碳排放进行预测。

响；③其他可以降低覆盖行业排放水平的协同政策的实施效果，如可再生能源发展目标或燃料经济性标准；④市场参与者对于未来配额价格的预期，这决定了企业存储配额以完成未来履约或对冲价格风险的需求；⑤减排技术变革，包括受碳市场政策驱动的技术革新；⑥其他外部因素，包括天气、宏观经济形势等；⑦如果存在与其他碳市场的连接，则连接体系的配额需求也会产生影响。

在一级市场中，政策制定者在设定总量时已经在一定程度上考虑并预测了BAU情景下的排放水平、覆盖行业的减排成本、减排技术变革、协同政策的实施效果等，因此这部分需求影响因素在一级市场碳价形成机制中有所反映。而预测之外的能源价格变化，天气、宏观经济等外部冲击，以及市场失灵或监管失灵等情况均可能导致市场价格的剧烈波动。

（3）配额分配方式

科斯定理指出，只要市场交易成本为零，那么无论产权如何进行初始分配，市场均衡的最终结果都可以实现资源配置的帕累托最优。但在现实中交易成本不可避免，因此不同的分配方式会对碳价形成产生影响。

配额分配包括免费分配和有偿分配两种方式。其中，免费分配可以有效降低市场参与者获得配额的成本，有助于在市场初期提高政策的接受度，但这种分配方式也有一定的弊端。

拍卖作为配额有偿分配的一种方式，可以在促进市场价格形成方面起到积极作用，尤其在碳市场启动初期，当各方参与者对配额价格的预期存在较大差异时，拍卖可以发挥引导市场价格的作用。

（二）碳期货市场运行机理

碳期货和碳现货作为碳市场下的两种不同机制，既彼此独立又相互联系，两者共同构成了多层次的碳排放权交易市场体系。碳期货市场既根源于碳现货市场，又服务于碳现货市场。碳现货市场主要是为碳排放配额所有权转移、市场供求关系调节提供一种有效机制；碳期货市场则是通过建立风险管理和转移的工具来提升市场价格发现效率，对于优化产业链企业运行机制、提高资源配置效率具有重要意义。

从机制来看，碳期货市场通过标准化的合约设计降低碳交易的参与门槛、交易成本与搜寻成本，为更广大具有碳交易需求的社会主体提供高效便捷的交易平台，并利用中央对手方清算和保证金结算机制，实现对市场信用风险的有效控制，提升碳市场建设的有效性和完备性。最终实现的效果是建立价格有效、运行稳健、期现协同、具有较强国际影响力的全国碳市场体系。

具体而言，碳期货可从发现价格、提供风险管理工具、优化资源配置、扩大市场边界和容量等方面促进市场交易活跃，提升我国碳市场的减排促进性与国际影响力。

一是完善碳定价机制，提供有效价格信号。碳排放权期货市场通过撮合交易、中央对手方清算等方式，进一步提高碳市场交易体系的市场化程度，通过提供连续、公开、透明的远期价格，缓解各方参与者的信息不对称，提高市场的认可接受度。二是提供风险管理工具，引导企业制定长期减排规划。碳期货市场可以为企业提供预期价格曲线，大幅降低市场风险，协助企业规划长时期的减排行动；控排企业通过期货市场套期保值，可以提前制订计划，平稳安排节能技改和生产经营，有序实现碳达峰、碳中和目标。三是充分发挥资源配置作用，引导绿色投资。期货等衍生品市场通过提供灵活的风险对冲工具和充足的市场流动性，充分调动资金参与碳市场的积极性，为碳市场带来大量社会资金。另外，期货市场提供的有效碳价和更丰富的低碳融资产品可以激励企业进行减排项目投资，充分发挥碳市场的资源配置功能。

除此之外，期货市场经过几十年的发展，具备较为完善的法规制度、良好的市场参与度和严格的风险管理制度，在一定程度上有利于吸引更广泛多样的主体参与市场交易，保障碳期货市场的有效运行，完善碳定价机制。

第二章　试点碳排放权交易市场篇

第一节　试点碳排放权交易市场情况

一、试点碳排放权交易市场概况

国内碳排放权交易试点工作于 2011 年 10 月 29 日正式启动，国家发展改革委办公厅下发《国家发展改革委办公厅关于开展碳排放权交易试点工作的通知》，批准在北京、天津、上海、重庆、湖北、广东、深圳开展碳排放权交易试点工作。经过一年多的准备工作，深圳于 2013 年 6 月 18 日率先启动碳交易市场，随后上海、北京、广东、天津相继于当年 11 月、12 月启动碳排放权交易试点，2013 年也因此被称为中国碳交易"元年"。湖北、重庆碳排放权交易市场启动略晚，但也都在 2014 年上半年开启了试点交易工作。2016 年国家发展改革委进一步批复设立四川非试点和福建试点碳排放权交易市场，形成地方碳排放交易市场的 8+1 格局。

我国各个试点地区在碳排放交易体系的架构搭建上保持相对一致，均包含政策法规体系、配额管理、报告核查、市场交易和激励处罚措施，又在细节上考量了各地区的差异性，首批试点的 7 家碳排放权交易市场各要素如表 2-1 所示。

表 2-1　首批试点碳排放权交易市场的要素设计

		北京	天津	上海	重庆	湖北	广东	深圳
地方政策法规	政策法规体系	市人大决定（2013年12月）；碳交易管理办法（2014年5月）	碳交易管理办法（2013年12月）	碳交易管理办法（2013年11月）	市人大决定草案（2014年4月）；重庆市碳排放权交易管理办法（试行）（2023年2月）	碳交易管理办法（2014年4月）	碳交易管理办法（2014年1月）	市人大决定草案（2012年10月）；碳交易管理办法（2014年3月）
	性质	地方法规部门规章	部门文件	政府规章	地方法规部门规章	政府规章	政府规章	地方法规部门规章
总量与覆盖范围	总量（亿吨）	0.5（2017年）	0.74（2023年）	1（2022年）	1（2017年）	1.8（2022年）	2.66（2022年）	0.28（2023年）
	行业/机构	电力、水泥、石油化工、热力、服务业，909家企业（2022年）	钢铁、建材、石油化工、航空、有色、设备制造、食品饮料、医药等，154家企业（2023年）	钢铁、建材、有色、化工、热力、航空、港口、水运、自来水等行业，357家企业（2022年）	水泥、钢铁、有色、化工、设备制造、食品饮料、陶瓷等17个行业，308家企业（2021~2022年）	钢铁、水泥、化工等16个行业，343家企业（2022年）	钢铁、石化、造纸、水泥和民航，217家企业（2022年）	公交、地铁、化工、电子制造、基建，等行业（2022~2023年）
	门槛	年二氧化碳排放量5000吨（含）以上（2022年）	年度碳排放量2万吨以上（2023年）	工业2万吨碳，非工业1万吨碳（2010~2011年）	年度温室气体排放量达到1.3万吨二氧化碳当量（综合能源消费量约5000吨标准煤）及以上（2021~2022年）	综合能耗1万吨标准煤及以上（2022年）	年排放1万吨二氧化碳（或年综合能源消费量5000吨标准煤）（2022年）	基准碳排放筛查年份期间内任一年度碳排放量达到3000吨二氧化碳当量以上的碳排放单位（2022年）
配额分配	无偿分配	逐年分配	逐年分配	一次分配三年	逐年分配	逐年分配	逐年分配	逐年分配
	方法	历史法和基准线法	历史法和基准线法	历史法和基准线法	历史法、基准线法、等量法	历史法、标杆法	历史法和基准线法	历史法和基准线法

续表

		北京	天津	上海	重庆	湖北	广东	深圳
配额分配	有偿分配	预留年度配额总量的5%用于定期拍卖和临时拍卖	市场价格出现较大波动时	适时推行拍卖等有偿方式，履约期曾拍卖	视市场运行情况组织政府预留配额有偿发放	在履约期适时组织政府预留配额拍卖工作	定期竞价发放，根据市场情况按程序增加配额有偿发放的数量及次数	市生态环境主管部门预留年度配额总量的2%作为价格平抑储备配额，采用拍卖的方式出售
MRV制度	行业指南	6个行业排放核算报告指南	5个行业核算指南；1个报告指南	9个行业排放核算和报告指南	工业企业核算和报告指南	核算和报告指南核查指南	4个行业报告和核算指南	组织 GHG 量化和报告指南；核查指南
	核查机构	26家	7家	10家	11家	8家	29家	28家
	报送系统	电子	纸质	电子	电子	电子	电子	电子
交易制度	交易平台	北京环境交易所	天津排放权交易所	上海环境能源交易所	重庆碳排放交易中心	湖北省碳排放权交易中心	广州碳排放权交易所	深圳排放权交易所
	交易主体	控排企业单位、机构、个人	控排企业、个人和机构	控排企业单位机构	控排企业单位个人和机构	控排企业单位个人和机构	控排企业单位个人和机构	控排企业、国外机构和个人
	交易方式	公开交易和协议转让	网络现货交易、协议交易、拍卖	挂牌交易和协议转让	定价交易和协议转让	协商议价、定价转让	单双向竞价、点选、协议转让	现货交易、电子竞价、大宗交易
	涨跌限制	公开交易：20%	10%	30%	20%	10%（自2016年7月，跌幅调整为1%）	10%（挂牌）	10%（大宗30%）
	交易产品	BEA、CCER、林业碳汇与节能项目碳减排量	TJEA、CCER	SHEA、CCER	CQEA、CCER	HBEA、CCER	GDEA、CCER	SZA、CCER

续表

		北京	天津	上海	重庆	湖北	广东	深圳
抵销制度	比例限制	不高于年度配额的5%	不超出当年实际排放的10%	不超过年度分配配额量的5%	不超过年度应清缴配额量的8%	不超过年排放初始配额10%	不超过上年实际排放的10%	不高于年度排放的5%
	地域限制	京外项目不超过2.5%	未限定	未限定	未限定	本地	本地70%以上	未限定
履约制度	排放报告	5月31日（2022年）	4月30日	3月31日	4月30日	2月最后工作日	3月31日	3月31日
	核查报告	6月30日（2022年）	4月30日	4月30日	暂无	4月最后工作日	5月31日	6月30日
	履约日	10月31日（2022年）	6月30日	6月1～30日	12月31日（2021年）	6月最后工作日	7月20日（2022年）	8月30日（2022年）
	未履约处罚	市场均价3～5倍罚款	限期改正，3年不享受优惠政策	5～10万	清缴期届满前一个月配额平均价格3倍	15万内市场均价1～3倍罚款，下年双倍扣除	下年双倍扣除，罚款5万	下年扣除，市场均价3倍罚款
	其他处罚	未报送排放报告或核查报告5万以下罚款	限期改正	记入信用记录并通报公布，取消专项资金	未报告核查2-5万罚款，虚假核查3～5万罚款	未报排放报告罚1～3万，未核查报告罚1～5万	不报告1～3万，不核查1～3万，最高5万	违规5～10万罚款

资料来源：根据公开资料整理。

二、试点碳排放权交易市场相关政策

政策引导对完善碳市场设计、提高运行效率非常重要。2011年国家发展改革委发布《关于开展碳排放权交易试点工作的通知》后，各相关部委、行业协会、地方政府已陆续出台一系列战略规划、统筹政策和操作规定，初步形成碳市场政策基本框架。

随着全国碳排放权交易市场的落地运行，被纳入的2200家电力企业退出地方试点市场；与此同时，多个试点地区地方政府在 2021 年工作报告中提出深化碳交易试点、积极对接全国碳排放权交易市场等内容①。总体上，各个试点地区碳市场政策体系相对一致，分别出台地方性碳排放权交易管理办法，对配额管理，排放的监测、报告与核查，碳排放权交易，监管和执法等也有较为详细的规定，为建立全国性统一的碳市场奠定基础。

（一）北京碳交易试点

试点期间，北京市注重顶层设计，不断完善构建了一套"1+1+N"的碳交易政策法规体系，具体包括一部地方法规《关于北京市在严格控制碳排放总量前提下开展碳排放权交易试点工作的决定》，一个政府规章《北京市碳排放权交易管理办法（试行）》，以及涉及配额核定、温室气体排放核算报告与核查、交易规则、抵消管理等若干配套实施细则和技术文件 10 余项交易所规则②。正在实施的北京"碳市场"政策如表 2-2 所示。

表 2-2　北京试点碳排放权交易市场相关政策

序号	政策名称	颁布日期	颁布机构	主要内容
地方法规				
	《关于北京市在严格控制碳排放总量前提下开展碳排放权交易试点工作的决定》	2013 年 12 月 27 日	北京市人大常委会	在地方层面确立了碳交易制度的法律地位和效力，明确了北京市实施总量控制、配额管理和交易、报告和核查三项基本制度及相关处罚规定，对所有碳市场参与方形成法律约束
政府规章				
	《北京市碳排放权交易管理办法（试行）》	2014 年 5 月 28 日	北京市人民政府	规定了碳交易制度的各项实施要素以及各类参与方的权利、责任和义务
实施细则				
1	《北京市碳排放权抵消管理办法（试行）》*	2014 年 9 月 1 日	北京市发展和改革委员会	规定了用于抵销的减排量标准、核算方法、审查要求等

---

① 中诚信国际. 中国"碳中和"政策梳理［EB/OL］. https：//pdf. dfcfw. com/pdf/H3_AP2021072315 05615300_1. pdf？1627069146000. pdf，2021-07-01.

② 国家应对气候变化战略研究和国际合作中心. 北京市碳排放权交易试点总结［EB/OL］. ht-tp：//www. ncsc. org. cn/yjcg/dybg/201801/P020180920509252599376. pdf，2018-01-19；北京环境交易所. 北京碳市场年度报告 2018［EB/OL］. http：//files. cbex. com. cn/cbeex/201903/20190328162632946. pdf，2019-03.

续表

序号	政策名称	颁布日期	颁布机构	主要内容
2	《北京环境交易所碳排放权交易规则（试行）》和《北京环境交易所碳排放权交易规则配套细则》	2015年1月13日	北京绿色交易所①	对参与人资格、信息披露、交易监管与风控及具体的交易规则（竞价与成交、涨跌幅限制、清缴与交收等）做出详细规定
3	《北京市生态环境行政处罚自由裁量基准（2021修订）》	2021年7月13日	北京市生态环境局	明确了重点排放单位的违法行为、行政处罚的种类和幅度等
4	《北京市生态环境局关于做好2022年本市重点碳排放单位管理和碳排放权交易试点工作的通知》	2022年4月26日	北京市生态环境局	对排放核算、报告、配额发放、交易、清算、核查做出了最新的详细规定

注："抵销"与"抵消"有区分，本书统一用"抵销"，＊表示已颁布的文件，保留用"抵消"，全书余同。

资料来源：根据试点地区政府发布的政策文件整理。

（二）天津碳交易试点

天津碳交易试点的政策法规体系主要由地方政府规章、市生态环境局文件以及排放权交易所规则为主，排放核算、报告与核查则遵循生态环境部发布的相关指南和技术标准。正在实施的天津"碳市场"政策如表2-3所示。

表2-3　天津试点碳排放权交易市场相关政策

序号	政策名称	颁布日期	颁布机构	主要内容
		政府规章		
	《天津市碳排放权交易管理暂行办法》	2020年6月10日（修订版）	天津市人民政府办公厅	规定了碳交易制度的各项实施要素以及各类参与方的权利、责任和义务
		实施细则		
1	《天津排放权交易所碳排放权交易规则（暂行）》	2017年10月19日	天津碳排放权交易所	对参与人资格、信息披露、交易监管与风控、及具体的交易规则（竞价与成交、涨跌幅限制、清缴与交收等）做出详细规定

---

① 2020年，根据北京市委、市政府关于绿色金融的工作部署，北京环境交易所更名为北京绿色交易所。

序号	政策名称	颁布日期	颁布机构	主要内容
2	《市生态环境局关于天津市2021年度碳排放配额安排的通知》	2021年12月30日	天津市生态环境局	规定了配额分配计算方法，发放程序、核定和调整，以及抵销机制
3	《市生态环境局关于做好天津市2021年度碳排放报告与核查及履约等工作的通知》	2022年3月8日	天津市生态环境局	核算方法与报告参考发改办气候〔2013〕2526号、发改办气候〔2014〕2920号、发改办气候〔2015〕1722号要求
4	《天津市2023年度碳排放配额分配方案》	2023年12月26日	天津市生态环境局	明确了2023年度碳排放重点单位名录、配额总量、分配方法、发放方式、配额清缴等

资料来源：根据试点地区政府发布的政策文件整理。

（三）上海碳交易试点

上海碳交易试点构建了较为完善的政策体系，主要由政府令《上海市碳排放管理试行办法》《上海市人民政府关于本市开展碳排放交易试点工作的实施意见》等政府规章和上海市发展改革委、生态环境局、上海市公共资源交易中心等管理文件和规则构成，涉及上海市碳交易的指导性文件，以及关于配额分配、二氧化碳排放核算和报告、配额注册登记和管理、市场交易等领域的规章和技术标准。值得注意的是，2021年12月，中国人民银行上海分行、上海银保监局、上海市生态环境局联合印发《上海市碳排放权质押贷款操作指引》，从贷款条件、碳排放权价值评估、碳排放权质押登记、质押物处置等方面提出具体意见，厘清碳排放权质押的各环节和流程，为金融机构在碳金融领域开展融资业务提供了参考。正在实施的上海"碳市场"政策如表2-4所示。

表2-4　上海试点碳排放权交易市场相关政策

序号	政策名称	颁布日期	颁布机构	主要内容
		政府规章		
1	《上海市人民政府关于本市开展碳排放交易试点工作的实施意见》	2012年7月3日	上海市人民政府	要求制定出台上海市温室气体排放核算指南和分行业的核算方法

续表

序号	政策名称	颁布日期	颁布机构	主要内容
2	《上海市碳排放管理试行办法》	2013 年 11 月 18 日	上海市人民政府	明确总量与配额分配制度、企业监测报告与第三方核查制度、碳排放配额交易制度、履约管理制度等核心管理制度和相应机构责任
实施细则				
1	《上海市温室气体排放核算与报告技术文件》	2012 年 12 月 11 日	上海市发展和改革委员会	明确核算边界、核算方法、年度监测和报告要求。纳入配额管理的单位按该文件编制 2021 年二氧化碳排放监测计划
2	《上海环境能源交易所碳排放交易规则》	2020 年 6 月第三次修订	上海环境能源交易所	对参与人资格、信息披露、交易监管与风控、及具体的交易规则（竞价与成交、涨跌幅限制、清缴与交收等）做出详细规定
3	《上海市碳排放核查第三方机构管理暂行办法（修订版）》	2020 年 12 月 25 日	上海市生态环境局	对第三方检查机构和人员的资质、核查程序做出规定
4	《上海市纳入碳排放配额管理单位名单（2021版）》及《上海市 2021年碳排放配额分配方案》	2022 年 2 月 9 日	上海市生态环境局	规定了配额分配计算方法，发放程序、核定和调整，以及抵销机制；明确 2021 年纳入试点交易的企业名单
5	《上海市 2022 年碳排放配额分配方案》	2023 年 5 月 26 日	上海市生态环境局	规定了 2023 年度配额总量及结构、分配方法和发放方式等

资料来源：根据试点地区政府发布的政策文件整理。

（四）重庆碳交易试点

重庆碳交易试点采取了"1+3+N"的政策体系，由管理办法以及配额管理、核查、交易三个细则等构成。2021 年 9 月，重庆市生态环境局和财政局出台《重庆市 2019 和 2020 年度碳排放配额有偿发放工作方案》，并于 2021 年 11 月完成了碳排放配额有偿发放工作。2023 年 9 月，重庆市生态环境局在《重庆市碳排放权交易管理暂行办法》基础上制定并印发了《重庆市碳排放配额管理细则》。正在实施的重庆"碳市场"政策如表 2-5 所示。

表 2-5　重庆试点碳排放权交易市场相关政策

序号	政策名称	颁布日期	颁布机构	主要内容
政府规章				
	《重庆市碳排放权交易管理暂行办法》	2023 年 2 月	重庆市人民政府	明确配额管理、碳排放核算、报告和核查、碳排放权交易、监督管理等制度和相应机构责任。
实施细则				
1	《重庆市工业企业碳排放核算和报告指南（试行）》	2014 年 5 月 28 日	重庆市发展和改革委员会	规范碳排放核算、报告编制、核算流程
2	《重庆市企业碳排放核查工作规范（试行）》	2014 年 5 月 28 日	重庆市发展和改革委员会	明确核查原则、程序、及具体的核查要求
3	《重庆联合产权交易所碳排放交易细则（试行）》	2014 年 6 月 13 日	重庆联合产权交易所	对参与人资格、信息披露、交易监管与风控、及具体的交易规则（竞价与成交、涨跌幅限制、清缴与交收等）做出详细规定
4	《重庆市 2019 和 2020 年度碳排放配额有偿发放工作方案》	2021 年 9 月 18 日	重庆市生态环境局、财政局	对竞买资格、数量、方式、竞价、组织保障等进行了规定
5	《重庆市碳排放配额管理细则》	2023 年 9 月 11 日	重庆市生态环境局	明确配额核算、登记、申报、补发等事项做详细规定

资料来源：根据试点地区政府发布的政策文件整理。

（五）深圳碳交易试点

深圳碳交易试点政策体系与北京的"1+1+N"类似，包括一部地方法规《深圳经济特区碳排放管理若干规定》，一个政府规章《深圳市碳排放权交易管理暂行办法》，以及若干配套实施细则和技术文件。2021 年，深圳市生态环境局在 2014 年版的《深圳市碳排放权交易管理暂行办法》基础上进行修订形成《深圳市碳排放权交易管理办法》，并于 2022 年 5 月 19 日经深圳市人民政府七届四十二次常务会议审议通过，自 2022 年 7 月 1 日起施行。正在实施的深圳"碳市场"政策如表 2-6 所示。

表 2-6 深圳试点碳排放权交易市场相关政策

序号	政策名称	颁布日期	颁布机构	主要内容
地方法规				
	《深圳经济特区碳排放管理若干规定》	2019 年 8 月 29 日修订	深圳市人大	在地方层面确立了碳交易制度的法律地位和效力，明确了碳排放管控、配额管理、抵销制度、交易制度、核查制度和惩罚制度等六大碳市场核心要素
政府规章				
	《深圳市碳排放权交易管理办法》	2022 年 7 月 1 日	深圳市人民政府	在《深圳市碳排放权交易管理暂行办法》基础上，完善了碳排放权交易管理体制、建立了与全国碳排放权交易市场的衔接机制、优化了配额管理制度、规范了碳排放权交易活动、优化碳排放核查与配额履约制度、健全了碳排放权交易监督管理
实施细则				
1	《深圳市碳排放权交易市场抵消信用管理规定（暂行）》	2015 年 6 月 2 日	深圳市发展和改革委员会	规范抵销信用的认可和管理和相应监督机制
2	《组织的温室气体排放量化和报告指南》	2018 年 11 月 15 日	深圳市市场和质量监督管理委员会	规范了组织层面温室气体量化、报告的原则与要求
3	《组织的温室气体排放核查指南》	2018 年 11 月 15 日	深圳市市场和质量监督管理委员会	规范了组织层面温室气体核查的原则与要求
4	《深圳排放权交易所碳排放权现货交易规则》	2023 年 3 月 27 日修订	深圳排放权交易所	对参与人资格、信息披露、交易监管与风控、及具体的交易规则（竞价与成交、涨跌幅限制、清缴与交收等）做出详细规定
5	《深圳市 2023 年度碳排放配额分配方案》	2023 年 6 月 13 日	深圳市生态环境局	规定了 2023 年度配额总量、分配方法、配额发放方式等

资料来源：根据试点地区政府发布的政策文件整理。

（六）湖北碳交易试点

与其他试点类似，湖北碳交易试点通过制定出台《湖北省碳排放权交易试点工作实施方案》、《湖北省碳排放权管理和交易暂行办法》、碳排放配额分配方案、温室气体排放监测、量化、报告、核查等规定和文件，形成了上下配套的政策体系。正在实施的湖北"碳市场"政策如表2-7所示。

表2-7　湖北试点碳排放权交易市场相关政策

序号	政策名称	颁布日期	颁布机构	主要内容
政府规章				
1	《湖北省碳排放权交易试点工作实施方案》	2013年2月18日	湖北省人民政府	明确市场要素、碳市场建设时间表和相应机构责任
2	《湖北省碳排放权管理和交易暂行办法》	2016年9月26日修改	湖北省人民政府	规定了配额分配和管理、交易规则、碳排放监测、报告与核查、激励和约束机制、罚则等碳市场核心要素
实施细则				
1	《湖北省工业企业温室气体排放监测、量化和报告指南（试行）》	2014年7月18日	湖北省发展和改革委员会	规定了工业企业温室气体的边界，以及监测、量化、报告的原则和方法
2	《湖北省温室气体排放核查指南（试行）》	2014年7月18日	湖北省发展和改革委员会	规范了核查流程、内容、评估程序、报告编写要求等
3	《湖北省碳排放配额投放和回购管理办法（试行)》	2015年9月29日	湖北省发展和改革委员会	明确配额投放和回购方式
4	《湖北碳排放权交易中心碳排放权交易规则》	2016年修订	湖北碳排放权交易中心	对参与人资格、信息披露、交易监管与风控、及具体的交易规则（竞价与成交、涨跌幅限制、清缴与交收等）做出详细规定
5	《湖北省2021年度碳排放权配额分配方案》	2022年11月11日	湖北省生态环境厅	规定了2021年度配额总量与结构、纳入企业配额分配方法、企业配额发放和变更的处理；明确2021年纳入试点交易的企业名单
6	《湖北省2022年度碳排放权配额分配方案》	2023年11月6日	湖北省生态环境厅	规定了2022年度配额总量与结构、纳入企业配额分配方法、配额调整机制、配额发放、抵销机制、企业清单等

资料来源：根据试点地区政府发布的政策文件整理。

（七）广东碳交易试点

试点期，广东省政府发布《广东省碳排放管理试行办法》，实行配额管理制度、碳排放信息报告与核查制度以及配额交易制度，并陆续配套出台了《广东省企业碳排放信息报告与核查实施细则（试行）》《广东省企业（单位）二氧化碳排放信息报告指南》等一系列支持文件。2022年4月6日，广东出台《广东省碳普惠交易管理办法》，明确碳普惠核证减排量可作为补充抵销机制进入广东省碳排放权交易市场。正在实施的广东"碳市场"政策如表2-8所示。

表2-8 广东试点碳排放权交易市场相关政策

序号	政策名称	颁布日期	颁布机构	主要内容
政府规章				
	《广东省碳排放管理试行办法》	2014年1月15日	广东省人民政府	规定了碳排放信息报告与核查、配额发放管理、配额交易管理、监督管理、罚则等碳市场核心要素
实施细则				
1	《广东省发展改革委关于碳排放配额管理的实施细则》	2015年2月16日	广东省发展和改革委员会	对配额发放分配、清缴履约、配额管理和交易做出规定
2	《广东省企业碳排放核查规范（2017年版）》	2017年2月21日	广东省发展和改革委员会	明确了碳排放核查的原则、过程、资料保存、风险分析与控制、投诉和申诉以及机构和人员的能力要求等，以及核查报告编制要求与模板
3	《广东省企业（单位）二氧化碳排放信息报告指南（2017年修订）》	2017年2月21日	广东省发展和改革委员会	规定了二氧化碳报告范围、二氧化碳排放计算方法、数据监测与质量管理、监测计划和排放报告的内容和要求，以及相应的报告格式、排放因子参考值等内容
4	《广州碳排放权交易中心碳排放配额交易规则》	2019年1月14日修订	广州碳排放权交易中心	对参与人资格、信息披露、交易监管与风控、及具体的交易规则（竞价与成交、涨跌幅限制、清缴与交收等）做出详细规定
5	《广东省2021年度碳排放配额分配实施方案》	2021年12月27日	广东省生态环境厅	规定了2021年度配额总量与结构、纳入企业分配方法、配额发放方式；明确2021年纳入试点交易的企业名单
6	《广东省碳普惠交易管理办法》	2022年4月6日	广东省生态环境厅	明确碳普惠核证减排量可作为补充抵销机制进入广东省碳排放权交易市场。省生态环境厅确定并公布当年度可用于抵销的碳普惠核证减排量范围、总量和抵销规则
7	《广东省2022年度碳排放配额分配方案》	2022年12月5日	广东省生态环境厅	明确了2022年度配额总量与结构、纳入企业、配额发放、抵销机制、配额计算方法等

资料来源：根据试点地区政府发布的政策文件整理。

（八）福建碳交易试点

在 2016 年 12 月福建省碳市场正式运行之前，福建省出台了《福建省碳排放权交易管理暂行办法》《福建省碳排放权交易市场建设实施方案》《福建省碳排放权交易第三方核查机构管理办法（试行）》和《福建省碳排放配额管理实施细则（试行）》，为碳市场运营管理奠定了法规基础。随后在各履约年度发布了各年度的碳排放配额实施方案，如表 2-9 所示。

表 2-9　福建试点碳排放权交易市场相关政策

序号	政策名称	颁布日期	颁布机构	主要内容
政府规章				
	《福建省碳排放权交易管理暂行办法》	2016 年 9 月 22 日（2020 年修订）	福建省人民政府	规定了碳市场主管部门、配额管理、市场交易、碳排放信息报告与核查与清缴、监督管理、法律责任等碳市场核心要素
实施细则				
1	《福建省碳排放权交易市场建设实施方案》	2016 年 10 月 4 日	福建省发展和改革委员会	福建省碳市场建设总体要求、主要目标、基本原则、实施步骤、保障措施等。
2	《福建省碳排放权交易第三方核查机构管理办法（试行）》	2016 年 11 月 28 日	福建省发展和改革委员会、质量技术监督局	明确了主管机构、第三方核查机构名录库、核查行为规范、监督管理等核心要素。
3	《福建省碳排放权交易市场信用信息管理实施细则（试行）》	2016 年 11 月 30 日	福建省发展和改革委员会、税务局等	规定碳排放权信用信息采集、评价、监督管理等重点内容。
4	《福建省碳排放配额管理实施细则（试行）》	2016 年 12 月 2 日	福建省发展和改革委员会	规定了二氧化碳报告范围、二氧化碳排放计算方法、数据监测与质量管理、监测计划和排放报告的内容和要求，以及相应的报告格式、排放因子参考值等内容。
5	《福建省 2022 年度碳排放配额分配实施方案》	2023 年 7 月 20 日	福建省生态环境厅	规定了 2022 年度纳入配额管理的重点排放单位、配额总量与构成、配额分配方法、配额调整机制、配额计算方法等。

资料来源：根据试点地区政府发布的政策文件整理。

第二节　试点碳排放权交易市场运行概况

一、试点碳排放权交易市场配额总量及分配

（一）覆盖范围

我国试点碳排放权交易市场经过多年运行，不断拓展其覆盖范围、降低准入门槛。各试点碳排放权交易市场的纳入行业及纳入门槛如表2-1所示。除重庆覆盖所有温室气体种类外，其他试点地区碳排放权交易市场仅覆盖二氧化碳。试点碳排放权交易市场的覆盖范围变化包括：北京市于2020年3月16日发布通知，要求14家航空公司提交排放数据；广东省2022年对水泥、钢铁、石化、造纸和民航等行业的基准进行了进一步完善；湖北省2018年将覆盖范围扩大到供水领域，并将供热和热电联产的配额方式从基准法改为按历史排放强度分配；天津市2019年将覆盖范围扩大到建材、造纸、航空等行业企业。

（二）配额总量

我国各试点碳排放权交易市场对配额总量的情况进行了部分披露，试点ETS配额总量如表2-10所示。可以看出，配额总量总体呈现收缩趋势，然而由于试点碳排放权交易市场的覆盖范围逐渐扩大，个别年份存在增长情况。

表2-10　试点碳排放权交易市场的配额总量

试点	配额总量（亿吨）
北京	0.50（2017年）
天津	1.60（2017年）；0.75（2021年）；0.75（2022年）；0.74（2023年）
上海	1.60（2014年）；1.60（2015年）；1.55（2016年）；1.56（2017年）；1.58（2018）；1.05（2020年）；1.09（2021年）；1（2022年）
湖北	3.24（2014年）；2.81（2015年）；2.53（2016年）；2.57（2017年）；2.56（2018年）；2.70（2019年）；1.66（2020年）；1.82（2021年）；1.8（2022年）
广东	3.88（2013年）；4.08（2014年）；4.08（2015年）；4.22（2016年）；4.22（2017年）；4.22（2018年）；4.65（2019年）；4.65（2020年）；2.65（2021年）；2.66（2022年）

试点	配额总量（亿吨）
深圳	0.31（2015年，不包含建筑）；0.22（2020年）；0.25（2021年）；0.26（2022年）；0.28（2023年）
重庆	1.15（2013年）；1.05（2014年）；0.95（2015年）；0.92（2016年）；1.00（2017年）
福建	1.26（2020年）；1.32（2021年）；1.16（2022年）

资料来源：根据公开资料整理。

（三）配额分配

我国试点碳排放权交易市场的配额分配方式如表2-11所示，免费配额的计算方法覆盖行业如表2-12所示。可以看出，我国试点碳排放权交易市场的配额分配方法主要有以下特点：

表2-11 试点碳排放权交易市场的配额分配方式

试点	配额分配方式
北京	混合模式：95%以上免费，按年度发放，以一年数据为依据，未考虑增量
上海	无偿分配：100%免费，一次性分配2013~2015年的配额，适度考虑行业增长
湖北	无偿分配：100%免费，未考虑增量
广东	混合模式：2013年电力企业免费额97%，2014年免费额95%，按年度发放，考虑经济社会发展趋势
深圳	混合模式：90%以上配额免费发放，一次性分配2013年-2015年的配额，考虑行业增长。2022年和2023年全部为免费发放
天津	无偿分配：100%免费，一次性制定2013-2015年年度配额，每年可调整
重庆	无偿分配：100%免费，按逐年下降4.13%确定年度配额总量控制上限，未考虑增量
福建	混合模式：95%为既有项目配额和新增项目配额，5%用于市场灵活调节，必要时通过市场拍卖等方式向市场投放

表2-12 试点碳排放权交易市场免费配额不同分配方法覆盖行业

试点	历史排放法	历史强度法	行业基准值法
北京	石化、水泥、制造业和其他行业、其他服务业、交通运输行业企业的固定源部分	2013~2016年：供热企业（单位）和火力发电企业、燃气及水的生产和供应企业、交通运输企业的移动排放设施	所有纳入行业的新增设施；2017年起，发电企业（热电联产）调整为基于行业基准值法

续表

试点	历史排放法	历史强度法	行业基准值法
上海	2013~2015年：钢铁、石化、化工、有色、建材、纺织、造纸、橡胶、化纤等行业；商场、宾馆、商务办公建筑和铁路站点。 2016~2018年：商场、宾馆、商务办公、机场等建筑，以及难以采用行业基准值法或历史强度法的工业企业	2016~2018年：产品产量与碳排放量相关性高且计量完善的工业企业、航空、港口、水运、自来水生产	2013~2015年：电力、航空、机场和港口业。 2016年：发电、电网、供热及汽车玻璃生产。 2017~2018年：发电、电网及供热
湖北	2014年：电力之外的工业企业；电力企业的预分配配额。 2015年：水泥、电力、热力及热电联产之外的工业企业。 2016年：非行业基准值法的行业。 2017年：非历史强度法和行业基准值法行业	2016年：玻璃及其他建材、陶瓷制造行业。 2017年：造纸、玻璃及其他建材、陶瓷制造	2014年：电力企业的事后调节配额。 2015~2016年：水泥、电力、热力及热电联产。 2017年：水泥（外购熟料型水泥企业除外）、电力、热力及热电联产
广东	2013年：电力、水泥和钢铁行业大部分生产流程（或机组、产品）。 2014~2016年：电力行业的热电联产机组、资源综合利用发电机组（使用煤矸石、油页岩等燃料）、水泥行业的矿山开采、微粉粉磨和特种水泥（白水泥等）生产、钢铁行业短流程企业以及石化行业企业。 2017~2018年：水泥行业的矿山开采、微粉粉磨生产、钢铁行业短流程企业和其他钢铁企业以及石化行业企业	2017年：电力行业资源综合利用发电机组（使用煤矸石、油页岩、水煤浆等燃料）及供热锅炉、特殊造纸和纸制品生产企业。 2018年：电力行业使用特殊燃料发电机组（如煤矸石、油页岩、水煤浆、石油焦等燃料）及供热锅炉、特殊造纸和纸制品生产企业、有纸浆制造的企业、其他航空企业	2013年：石化行业和电力、水泥、钢铁行业部分生产流程。 2014~2016年：电力行业的燃煤燃气纯发电机组、水泥行业的普通水泥熟料生产和粉磨、钢铁行业长流程企业、民用航空企业。 2017年：增加普通造纸和纸制品。 2018年：前述行业中，民用航空业中的全面服务航空企业
深圳	无	公交行业采用目标碳强度法；其他行业依据历史强度计算目标碳强度	电力、水务、燃气行业
天津	钢铁、化工、石化、油气开采行业的既有设施	电力、热力行业的既有设施	所有纳入行业的新增设施
重庆	电解铝、金属合金、电石、水泥、钢铁、烧碱	无	无
福建	无	有色（铜冶炼）、钢铁〔除钢铁生产联合企业（普通钢）外〕、化工（除主营产品为二氧化硅外）、石化（原油加工和乙烯）、造纸（纸浆制造、机制纸和纸板）、民航（机场）、陶瓷等行业	电力（电网）、建材（水泥和平板玻璃）、有色（电解铝）、钢铁〔钢铁生产联合企业（普通钢）〕、化工（主营产品为二氧化硅）、民航（航空）等行业

第一，配额分配方式从"免费分配"向免费分配和拍卖并存的"混合方式"过渡。

广东 2013 年的分配方式为 97% 免费、3% 有偿、购买有偿配额才能获得免费配额；2022 年度配额实行部分免费发放和部分有偿发放，其中，钢铁、石化、水泥、造纸控排企业免费配额比例为 96%，民航控排企业免费配额比例为 100%，新建项目企业有偿配额比例为 6%。上海规定试点期间采取免费方式，适时推行拍卖等有偿方式，履约期拍卖免费发放配额。

第二，配额计算方式由"多种方法并存"向"基准线法"过渡。试点 ETS 早期普遍存在的"基准线法+历史强度法（或历史总量法）"的配额分配模式，后期部分热电联产或资源综合利用机组所使用的历史总量法或历史强度法被调整为基准线法。

北京试点 2017 年发电企业（包括热电联产）由历史强度法调整为行业基准值法。上海试点 2017 年继续采取行业基准值法、历史强度法和历史排放法，但 2017 年和 2018 年的方案均明确提出，在具备条件的情况下，优先采用行业基准值法和历史强度法等基于排放效率的分配方法。广东试点 2017 年造纸业中的特殊造纸和纸制品生产企业、普通造纸和纸制品两个子行业则分别采用历史强度法和行业基准值法；2018 年，广东试点民航企业分为全面服务航空企业、最简单服务航空企业和低成本航空企业，全面服务航空企业（广东省内仅南方航空）采用行业基准值法分配配额，其他航空企业采用历史强度法分配配额。湖北试点 2017 年造纸、玻璃及其他建材、陶瓷制造业采用历史强度法分配配额。

第三，试点电力行业配额分配方法要素选取各有不同。例如，湖北、上海曾采用单位综合发电量碳排放量为基准值指标，福建采用单位供电量碳排放量为基准值指标。湖北、上海即使均采用单位综合发电量碳排放量为基准值指标，其基准线条数、划分标准和取值也存在差异。

二、试点碳排放权交易市场数据核查和配额清缴

（一）数据核查

1. MRV 体系

（1）监测与报告

根据试点碳排放权交易市场的要求，重点排放单位应根据企业温室气体排放

核算与报告指南，以及经备案的排放监测计划，每年编制其上一年度的温室气体排放报告。监测计划的制订是为确定最终的碳排放量服务的。监测计划一般包括报告主体的基本信息、核算边界和报告范围、活动数据和排放因子的确定方式、数据内部质量控制和质量保证相关规定等内容，用于规范重点排放单位的温室气体排放的监测和核算活动。

目前，试点碳排放权交易市场采用基于核算方法中的排放因子法确定企业的碳排放量。表 2-13 展示了试点碳市场监测相关主要文件。

表 2-13　试点碳排放权交易市场监测相关主要文件

地区	文件名称
全国	《关于加强企业温室气体排放报告管理相关工作的通知》
	发电，电网，钢铁生产，化工生产，电解铝生产，镁冶炼，平板玻璃生产，水泥生产，陶瓷生产，民航，石油和天然气生产，石油化工，独立焦化，煤炭生产，造纸和纸制品，其他有色金属冶炼及压延加工业，电子设备制造，机械设备制造，矿山，食品、烟草及酒饮料和精制茶，公共建筑运营，陆上交通运输，氟化工，工业其他行业等 24 个行业《温室气体排放核算方法与报告指南（试行）》
	《企业温室气体排放报告核查指南（试行）》
	《企业温室气体排放核算方法与报告指南发电设施（2021 年修订版）》
北京	《北京市企业（单位）二氧化碳排放核算和报告指南》
	《北京市碳排放第三方核查报告编写指南》
	《北京市温室气体排放报告报送程序》
上海	《上海市温室气体排放核算与报告指南（试行）》
天津	《天津市钢铁行业、电力热力行业、化工行业、炼油和乙烯行业、其他行业企业碳排放核算指南（试行）》
	《天津市企业碳排放报告编制指南（试行）》
重庆	《重庆工业企业碳排放核算报告和核查细则（试行）》
	《重庆市工业企业碳排放核算和报告指南（试行）》
深圳	《组织的温室气体排放量化和报告规范及指南》
	《建筑物温室气体排放的量化和报告规范及指南（试行）》
	《公交、出租车企业温室气体排放量化和报告规范及指南》
	《组织的温室气体排放核查规范及指南》
湖北	《湖北省工业企业温室气体排放监测、量化和报告指南（试行）》
广东	《广东省企业（单位）二氧化碳排放信息报告通则（试行）》
	《广东省火力发电企业、水泥企业、钢铁企业、石化企业二氧化碳排放信息报告指南（试行）》
福建	《福建省重点企事业单位温室气体排放报告管理办法（试行）》

资料来源：根据相关资料整理。

（2）核查机制

为提高碳排放数据报告的准确性和可靠性，采用第三方核查制度是国内外碳市场的普遍选择。根据试点碳排放权交易市场的相关规定，重点排放单位编制并提交给主管部门的年度排放报告，需要由政府委托或重点排放单位委托具有核查资质的第三方核查机构对排放报告进行核查，并出具核查报告，报送主管部门。核查得到的排放和活动水平数据将作为重点排放单位获得免费配额分配和配额清缴的依据，并为碳市场的后续完善提供支撑。

为保证核查工作的规范性、独立性和核查结果的公正性，除了在碳市场基础性法律法规文本中规定了核查工作的基本流程和原则，地方碳排放权交易市场又陆续出台了专门针对核查的规章或规范性文件。表 2-14 总结了试点碳排放权交易市场涉及核查机制的规范性文件或工作通知，覆盖了核查技术规范和标准、核查工作程序规范及核查机构的资质管理以及核查结果的复查等。

表 2-14　试点碳市场核查相关规则

地区	专题	文件名称
北京	技术规范	《北京市重点碳排放单位二氧化碳核算和报告要求》
	技术规范	《二氧化碳排放核算和报告要求电力生产业》（DB11/T 1781-2020）等七项标准
	技术规范	《北京市温室气体排放报告报送流程》
	技术规范	《北京市碳排放第三方核查报告编写指南》
	程序规范	《北京市碳排放报告第三方核查程序指南》
	资质管理	《北京市碳排放权交易核查机构管理办法》
上海	技术规范	《上海市温室气体排放核算与报告指南（试行）》
	技术规范	《上海市水运行业温室气体排放核算与报告方法（试行）》
	程序规范	《上海市碳排放核查工作规则（试行）》
	资质管理	《上海市碳排放核查机构第三方机构管理暂行办法》
	资质管理	《上海市碳排放核查第三方机构监管和考评细则》
天津	技术规范	《天津市钢铁行业、电力热力行业、化工行业、炼油和乙烯行业、其他行业企业碳排放核算指南（试行）》
	技术规范	《天津市企业碳排放报告编制指南（试行）》

续表

地区	专题	文件名称
重庆	技术规范	《重庆市工业企业碳排放核算和报告指南（试行）》
	程序规范 资质管理	《重庆工业企业碳排放核算报告和核查细则（试行）》
	技术规范 程序规范	《重庆市企业碳排放核查工作规范（试行）》
深圳	技术规范	《组织的温室气体排放量化和报告规范及指南》
	技术规范	《组织的温室气体排放核查规范及指南》
	技术规范	《建筑物温室气体排放的量化和报告规范及指南（试行）》
	技术规范	《建筑物温室气体排放的核查规范及指南（试行）》
	技术规范	《公交、出租车企业温室气体排放量化和报告规范及指南》
	技术规范	《垃圾焚烧发电企业温室气体排放量化和报告规范及指南》
湖北	技术规范	《湖北省工业企业温室气体排放监测、量化和报告指南（试行）》
	程序规范	《湖北省温室气体排放核查指南（试行）》
广东	技术规范	《广东省企业（单位）二氧化碳排放信息报告通则（试行）》
	技术规范	《广东省企业（单位）二氧化碳排放信息报告指南》
	流程规范 资质管理	《广东省企业碳排放核查规范》
	流程规范	《广东省发展改革委关于企业碳排放信息报告与核查的实施细则》
	资质管理	《广东省碳排放信息核查工作管理考评暂行办法》
福建	流程规范	《福建省重点企（事）业单位温室气体排放报告管理办法（试行）》
	资质管理	《福建省碳排放权交易第三方核查机构管理办法（试行）》
	资质管理	《福建省碳排放权交易市场信用信息管理实施细则（试行）》
	流程规范	《福建省生态环境厅关于强化碳排放权交易第三方核查机构监督检查工作的通知》
	资质管理	《全国碳排放权交易第三方核查机构及人员参考条件》

资料来源：根据相关资料整理。

　　核查制度的基础性地位在全国碳排放权交易市场基本的《管理办法》中确立，然后通过出台一系列的技术指南、流程规范或监督管理相关文件，指导核查工作的开展。关于核查环节，试点碳排放权交易市场首先对符合本地区碳市场资质要求的第三方核查机构予以备案，建立第三方核查机构目录库；其次重点排放单位提交碳排放报告后，由主管部门或企业自行委托符合资质要求的核查机构进行核查；最后由核查机构出具书面核查报告。核查机构的工作过程应按照独立、公正和保密的原则，开展核查准备、实施和报告编写三个阶段的核查工作，依据各地颁布的核算指南和核查报告编写指南等技术要求，参考企业的监测报告，通过文件评审和现场访问的方式对排放单位的基本情况、核算边界、方法、数据（活动水平、排放因子等）以及排放量等情况进行核查和交叉核对，具体的技术要求和流程要求详见表2-14列出的规范性文件。重点排放单位应当配合第三方核查机构的核查工作，提供相关材料。

核查的重要地位和核查工作的专业性对第三方核查机构人员的专业知识、技术和经验提出了要求，并且第三方机构需要对其核查结果负责，承担法律和财务等方面的责任。试点和全国碳排放权交易市场或在碳排放权交易管理办法中（深圳、湖北）出台专门的管理办法或细则公布核查机构资质的认定标准（北京、上海、广东、重庆、福建及全国碳排放权交易市场），天津试点虽然没有在规则文件中明确提出核查机构的资质要求，但其核查服务招标文件也侧面反映了对核查机构资质的要求。

（3）碳排放权交易市场核查工作方式

北京在2015年后，以及深圳在履约阶段开始后，均由企业自行选取核查机构并承担核查费用，除此之外，我国试点碳排放权交易市场大多采用政府采购、委托方式开展碳排放核查，即由主管部门将重点排放单位核查任务打包，采用政府采购的方式统一招标，由中标的符合资质要求的核查机构提供第三方核查服务（见表2-15）。

表2-15　各试点和全国碳排放权交易市场核查工作组织方式比较

试点	组织方式	信息来源	费用承担[①]
北京	重点排放单位应当委托目录库中的第三方核查机构对碳排放报告进行核查，并按照规定向市发展改革委报送核查报告	《北京市碳排放权交易管理办法（试行）》	历史数据盘查和2013年度、2014年度履约核查由政府购买，2015年起由企业委托

---

① 《七省市碳交易试点核查制度研究》。

续表

试点	组织方式	信息来源	费用承担①
天津	无	—	政府采购
上海	市发展改革部门可以委托第三方机构进行核查；根据本市碳排放管理的工作部署，也可以由纳入配额管理的单位委托第三方机构核查	《上海市碳排放管理试行办法》	政府采购
湖北	主管部门委托第三方核查机构对纳入碳排放配额管理的企业的碳排放量进行核查	《湖北省碳排放权管理和交易暂行办法》	政府采购
重庆	市生态环境局应当组织开展对重点排放单位温室气体排放报告的核查，并将核查结果告知重点排放单位。市生态环境局可以通过政府购买服务的方式委托技术服务机构提供核查服务	《重庆市碳排放权交易管理办法（试行）》	政府采购
深圳	管控单位在提交年度碳排放报告后，应当委托碳核查机构对碳排放报告进行核查，并于每年4月30日前向主管部门提交经核查的碳排放报告	《深圳市碳排放权交易管理暂行办法》	历史数据盘查由政府购买，履约核查由企业委托
广东	省发展改革委按照政府采购有关规定委托核查机构对控排企业和单位提交的信息报告进行核查（含复查、抽查），并承担相关费用	《广东省发展改革委关于企业碳排放信息报告与核查的实施细则》	政府采购
福建	省人民政府碳排放权交易主管部门建立第三方核查机构名录库，加强动态管理，通过竞争性磋商等采购方式确定第三方核查机构，对重点排放单位的碳排放报告进行第三方核查	《福建省碳排放权交易管理暂行办法》	政府采购

政府购买的工作方式在一定程度上保证了核查工作的客观性和公正性，但随着试点纳入的重点排放单位不断增多，这种模式给地方财政带来了很大的负担。政府资助退出、企业出资自主招标选择符合资质要求的核查机构这一市场化方式，容易导致核查工作出现利益共同体的问题，引发了对于核查客观性和数据真实性的担忧，尤其是企业和第三方核查机构之间因利益关系达成共谋，甚至过分压低价格造成恶性竞争，出现"劣币驱逐良币"的现象。因此，在核查工作模式转变的同时，各试点也在探索对第三方核查机构的有效监督模式，如政府主管

部门每年组织对所有第三方核查结果进行复核，并采取"双随机、一公开"的方式抽查一定比例的企业，由政府出资委派指定的核查机构对抽查企业进行再次核查，在某种程度上形成"第四方核查"机制，并由政府出资来保证公正和客观，进而实现对第三方核查的有效监督。

2. 数据质量保证

（1）核查报告的复查和抽查

在制定和颁布相关的技术指南、严控核查机构和核查员的准入门槛的基础上，各试点碳排放权交易市场又采取了复查、抽查等方式进一步保证第三方核查报告的数据质量和可信度。核查机构或重点排放单位提交核查报告后，由试点碳排放权交易市场主管部门组织专家评审（北京、广东）、不参与核查工作的独立第四方机构进行复查（深圳、重庆、天津和福建）或不同核查机构交叉核查（上海、湖北）。

试点碳排放权交易市场对核查报告的复查范围和复查深度有所不同，如对所有核查报告的文件评审（北京、天津、广东和湖北）；对评审有问题、排放量波动大的排放单位再核查（北京）；分核查机构抽取一家企业再次进驻现场核查（天津）；对一定比例的核查报告抽查和重点检查或复查（深圳、福建）；对排放报告和核查报告差异较大或有异议的进行复查（上海、重庆）。复查的形式包括书面审查和现场检查、抽查。大多数的复查工作安排在履约前，若安排在履约后进而影响履约，则对履约做出相应调整。复查费用均由地方财政承担，保证复查的公正性和客观性。此外，大多数市场不允许重点排放单位连续多年选择同一家核查机构，以此来保证核查机构的公正性；广东和上海还将对核查机构的年度评估制度化①。

（2）核查机构奖惩机制

为确保核查机制的落实与核查工作的顺利开展，试点碳排放权交易市场在基础性法律法规中明确了核查机构违法违规行为的法律责任，并在核查工作监督管理的规范性文件中将核查机构的责任和奖惩措施加以细化。表2-16总结了试点碳排放权交易市场对第三方核查机构的奖惩机制。

---

① 广东省生态环境厅关于 2019 年度广东省企业碳排放信息核查及全国碳排放权交易企业核查工作考评结果的通知［EB/OL］. http：//gdee. gd. gov. cn/wj5666/content/post_ 3237548. html；广东省生态环境厅关于 2018 年度广东省企业碳排放信息核查及全国碳排放权交易企业核查工作考评结果的通告［EB/OL］. http：//gdee. gd. gov. cn/ls/content/post_ 2861989. html.

表 2-16　试点碳排放权交易市场对第三方核查机构的奖惩机制

试点	对核查机构/核查员奖惩措施	依据
北京	主管部门通报； 情节严重的，取消备案资格，一定时限不受理其备案申请	《北京市碳排放权交易核查机构管理办法（试行）》
天津	对出具虚假核查报告等违反相关规定的行为，将予以通报； 三年内不得在本市从事碳核查业务	《天津市碳排放权交易管理暂行办法》
福建	建立相关行为信用档案，对被评定为失信的第三方核查机构，给予失信惩戒，并与省公共信用信息平台实现互联互通； 责令其改正，给予警告	《福建省碳排放权交易第三方核查机构管理办法（试行）》
福建	第三方核查机构有下列行为之一的，由设区的市人民政府碳排放权交易主管部门责令限期改正；逾期未改正的，处以 1 万元以上 3 万元以下罚款；给重点排放单位造成经济损失的，依法承担民事赔偿责任；构成犯罪的，依法追究刑事责任： （一）出具虚假、不实核查报告； （二）核查报告存在重大错误； （三）泄露被核查单位的商业秘密	《福建省碳排放权交易管理暂行办法》
福建	对被评定为守信的第三方核查机构： 在标准不降低、程序不减少的情况下，依法依规，优先办理行政审批、资质审核、备案手续等； 在日常监管中，减少检查频次； 在政府招标采购时优先予以考虑； 在安排预算内投资、财政专项资金时，在同等条件下给予优先考虑； 纳入税收、银行等征信系统，在同等条件下优先给予信贷支持； 推荐其参加发改部门等组织的各类认定认证和荣誉评选； 在公共传播媒体上进行宣传报道； 法律、法规或规章规定可以实施的其他激励措施。 对被评定为失信的第三方核查机构： 移出名录库； 限制新增项目审批、核准；在日常监管中，增加检查频次； 在政府招标采购时，置后考虑或不予考虑； 在安排预算内投资、财政专项资金时，减少扶持力度或取消申请资格； 纳入税收、银行等征信系统管理； 限制或取消发改等部门组织的各类认定认证和荣誉评选资格； 通过媒体向社会公布其失信行为及相关信息； 法律、法规或规章规定可以实施的其他惩戒措施	《福建省碳排放权交易市场信用信息管理实施细则（试行）》

试点	对核查机构/核查员奖惩措施	依据
上海	市生态环境局组织对核查机构进行综合考评，对不符合工作要求的行为实行累计记分制度，考评不合格的核查机构，将纳入本市核查工作黑名单，有效期为五年，考评结果将作为下一年度核查招投标的必要评分项；考评等级为优良的核查机构，在与其他机构同等条件下，优先考虑安排下一年度核查任务。考评不合格的核查机构，五年内不再安排其核查任务	《上海市碳排放核查第三方机构监管和考评细则》
深圳	泄露管控单位信息或者数据的，由主管部门责令限期改正，并分别对管控单位和核查机构处以实际碳排放量的差额乘以违法行为发生当月之前连续六个月碳排放权交易市场配额平均价格三倍的罚款；给管控单位造成损失的，依法承担赔偿责任。与控排单位有其他利害关系，违反公平竞争原则的，由主管部门责令限期改正，并处5万元罚款；情节严重的，处10万元罚款	《深圳市碳排放权交易管理暂行办法》
湖北	主管部门予以警告；有违法所得的，没收违法所得，并处以违法所得1倍以上3倍以下，但最高不超过15万元的罚款；没有违法所得的，处以1万元以上5万元以下的罚款	《湖北省碳排放权管理和交易暂行办法》
重庆	市发展改革委通过现场检查、不定期抽查等方式对核查机构实行动态管理，核查机构存在相关违法违规行为的，由市发展改革委责令改正；情节严重的，公布其违法违规信息，停止其从事核查业务	《重庆市工业企业碳排放核算报告和核查细则（试行）》

资料来源：根据相关资料整理。

根据2021年3月生态环境部发布的《碳排放权交易管理暂行条例（草案修改稿）》，核查技术服务机构弄虚作假的，由省级生态环境主管部门解除委托关系，将相关信息计入其信用记录，同时纳入全国信用信息共享平台向社会公布；情节严重的，三年内禁止其从事温室气体排放核查技术服务。另外，核查机构及其工作人员违反该条例规定，拒绝、阻挠监督检查，或者在接受监督检查时弄虚作假的，由设区的市级以上生态环境主管部门或者其他负有监督管理职责的部门责令改正，处2万元以上20万元以下的罚款。

由于试点碳排放权交易市场的基础性法律法规大多是地方规章或国务院部门规章（北京和深圳除外，但对相关主体的法律责任的法律依据也是地方规章），受限于法律层级，对核查机构违法违规行为的惩处局限于通报、警告、责令改正和罚款、赔偿损失、情节严重情形承担刑事责任等常用的行政处罚手段。由于核查机构资质管理模式和主管部门对年度核查工作安排的特点，主管部门普遍建立信用系统，以及对备案资格、参与年度排放核查工作资格或优先选择权的调整，加强对核查机构的管理。另外，部分试点碳排放权交易市场还通过与财税支持、银行信贷、荣誉评选、政府招标采购等监管手段联动，进一步增强对核查机构行为的约束力度。同时也通过对优质核查机构的评选和相应的激励措施，鼓励核查机构提高核查质量。

3. 核查数据质量影响因素

尽管试点碳排放权交易市场通过管理规章、技术规范性文件，从制度上提高了数据收集、整理和汇总工作的规范性，从而保证核查数据的质量水平。但核查数据的质量还受到客观条件的限制和核查机构核查员的主观影响。

（1）企业本身计量水平

企业本身的计量水平决定了关键基础数据的可获得性、完备性和准确性，高水平的计量是高质量核查数据的基础。计量设备和能源管理系统先进水平、企业内部管理水平是碳市场相关数据质量的保障。提高企业计量水平、实测参数采样检测频率、采用经认证的第三方检测机构获得更为精确的排放因子等参数，保持活动水平统计口径的一致性，可以为碳市场提供更加准确的基础数据。但不同行业技术特征和排放特征的企业在能源计量和内部管理方面做出的努力参差不齐，不同规模的企业的能源管理系统和监测成本负担能力也存在很大的差异，这些因素都会影响基础数据质量，进而影响最终核查数据质量。

（2）核查机构业务水平

核查机构本身的业务水平在核查的最终环节影响核查数据质量。根据 MRV 要求，核查工作的主要内容包括确认排放源及核算边界，排放源的完整性，活动水平数据，排放量，计算方法，排放因子选取是否与指南、监测计划一致，检查数据质量管理系统等。这些都依赖于核查员对相关标准的理解和主观把握。但由于核查机构和人员的专业能力参差不齐，核查工作时限紧张、核查高峰期人员数量不足等，核查机构和人员在核查标准执行中存在偏差，即使同一核查对象，不同核查机构、不同核查员给出的核查结论也不尽相同。因此，核查机构的业务水平也影响了核查数据质量。

（二）配额清缴

1. 履约机制

履约机制是指评估 ETS 覆盖企业是否完成了其义务，以及对其未完成义务时将面临的惩罚、完成义务时获得适当鼓励的规则设计。一般而言，企业的履约义务包括在规定的时间点提交温室气体排放报告、提交第三方机构核查报告、按期足额清缴配额以及其他的法律法规要求企业履行的义务。其中，以企业按期足额清缴配额为核心，狭义上的"履约"即指配额清缴。履约机制设计的核心在于监管企业完成以上所述的履约义务，并对其未完成义务时进行惩罚、完成义务进行适当鼓励。

（1）履约要求

我国试点碳排放权交易市场的履约周期均为一年，根据相关规则的规定或当年的履约工作安排，重点排放单位应在规定的日期前提交与上年度实际排放量相等的（或不少于上年度实际排放量的）排放配额或抵销信用，并在登记系统中注销，完成履约义务。1 吨抵销信用相当于 1 吨碳排放配额。多数试点碳排放权交易市场和全国碳排放权交易市场均接受以国家核证自愿减排量（CCER）作为抵销信用，此外，部分试点还允许重点排放单位使用来自节能项目的减排量（北京）、林业碳汇项目碳减排量（FCER）（北京、福建）、碳普惠核证减排量（PHCER）（广东、深圳）抵销其碳排放量（见表 2-17）。

表 2-17　试点碳排放权交易市场关于抵销机制的要求

试点	最高可抵销比例	抵销机制相关文件
北京	不高于其当年核发碳排放配额量的 5%	《北京市碳排放权抵消管理办法（试行）》
上海	不得超过试点企业该年度通过分配取得的配额量的 5%	《关于本市碳排放交易试点期间有关抵消机制使用规定的通知》
天津	当年实际碳排放量的 10%	《天津市发展和改革委员会关于天津市碳排放权交易试点利用抵消机制有关事项的通知》

续表

试点	最高可抵销比例	抵销机制相关文件
广东	年度实际碳排放量的10%，2020年度抵销量总量原则上控制在150万吨以内	《广东省发展改革委关于碳普惠制核证减排量管理的暂行办法》《广东省控排企业使用国家核证自愿减排量（CCER）或省级碳普惠核证减排量（PHCER）抵消2019年度实际碳排放的工作指引》《广东省控排企业使用国家核证自愿减排量（CCER）或省级碳普惠核证减排量（PHCER）抵消2020年度实际碳排放的工作指引》
重庆	重点排放单位使用的减排量比例上限为其排放量的10%，具体减排量使用比例、减排项目的使用类型等在年度配额分配方案中明确。其中：使用产生于重庆市行政区域以外的减排量比例不得超过其减排量使用总量的50%	《重庆市碳排放配额管理细则（试行）》
湖北	年度碳排放初始配额的10%	《省发展改革委办公室关于2018年湖北省碳排放权抵消机制有关事项的通知》
福建	抵销总量不得高于其当年经确认的排放量的10%：①林业碳汇项目减排量不得超过当年经确认排放量的10%；②其他类型项目减排量不得超过当年经确认排放量的5%	《福建省碳排放权抵消管理办法（试行）》

资料来源：根据相关资料整理。

（2）惩罚措施

惩罚机制是履约机制设计的核心。惩罚机制是指对未按要求履约的企业进行经济、行政等方面的处罚，是履约机制中最为直接和重要的部分。惩罚力度的大小在很大程度上影响企业履约动力。主要的惩罚方式包括经济处罚、责令违约企业提交报告及补缴配额、扣除其下一年度配额以及行政处罚等。鼓励机制是对超额履约或按时履约排放源实施的奖励性补偿措施。通常有财政支持、政策优惠、奖项表彰等手段。但从总体来看，惩罚机制仍是最有效、最直接地促进企业履约的手段。各碳排放权交易市场对违约的惩罚措施总结如表2-18所示。

表 2-18　我国试点碳排放权交易市场违约惩罚措施

采取的措施	北京①	天津②	上海③	湖北④	重庆⑤	广东⑥	深圳⑦	福建⑧
将违约企业行为予以通报并记入信用信息系统	√	√	√	√	√	√	√	
责令违约企业提交相关报告及补缴所欠配额	√	√	√	√				√
按规定对违约企业处以罚款	√		√	√		√	√	√
从违约企业后续年份的配额中扣除所欠部分				√			√	
从违约企业后续年份的配额中双倍扣除所欠部分				√				√
与国资管理部门联合对国有企业的违约行为进行管理				√	√		√	
对于无法有效核查的违约企业，对其下一年度的配额减半核定				√				
取消对违约企业的专项资金、项目申报等的政策支持		√	√		√		√	
取消违约企业及相关个人评优资格			√		√			
停止、不得受理对违约企业的新建项目的审批			√	√				
对于涉嫌行政与刑事责任的，依法处理		√					√	

---

① 《关于北京市在严格控制碳排放总量前提下开展碳排放权交易试点工作的决定》《北京市碳排放权交易管理办法（试行）》《关于规范碳排放权交易行政处罚自由裁量权规定》《节能低碳和循环经济行政处罚裁量基准（试行）》。

② 《天津市碳排放权交易试点工作实施方案》《天津市碳排放权交易管理暂行办法》。

③ 《上海市关于开展碳排放交易试点工作的实施意见》《上海市碳排放管理试行办法》。

④ 《湖北省碳排放权交易试点工作实施方案》《湖北省碳排放权管理和交易暂行办法》湖北省发展改革委权责清单。

⑤ 《重庆市碳排放权交易管理暂行办法》。

⑥ 《广东省碳排放管理试行办法》。

⑦ 《深圳经济特区碳排放管理若干规定》《深圳市碳排放权交易管理暂行办法》《〈深圳市碳排放权交易管理暂行办法〉行政处罚自由裁量权实施标准》。

⑧ 《福建省碳排放权交易管理暂行办法》。

2. 实际履约情况

（1）配额核销量与市场占比

从过去 8 个试点地区的碳排放配额总量来看，重点排放单位数量和配额总量也存在较大的地区间不均衡问题，广东、湖北和上海三个试点高耗能行业更为集中、市场容量也相对更大，但是市场配额总量大并不意味着市场占比更大，天津和重庆市场交易活跃度较低，市场容量较低。

各试点碳排放权交易市场并未披露历年各行业获得的配额分配或分行业排放量数据，但对各行业碳配额的变化趋势进行了披露。例如，上海环境能源交易所发布的《2020 上海碳市场报告》比较了 2019 年、2020 年分行业的配额净流入（买成交量-卖成交量）情况，侧面反映了在上海现行的配额分配制度下，各行业的配额需求或供给规模，发电行业稳定保持交易主力的地位，且是配额净流入方（见图 2-1）。2022 年 4 月，上海环境能源交易所发布的《2021 碳市场工作报告》指出，2020 履约年度，SHEA 净流出行业为化工和发电行业。发电行业为净流出量最多的行业，主要是已纳入全国碳排放权交易市场的企业出售以前年度盈余的 SHEA。SHEA 净流入量最多的行业是钢铁行业，表明钢铁行业已成为上海碳市场配额缺口最大的行业，但缺口量较往年有所下降；石化行业相对 2020 年

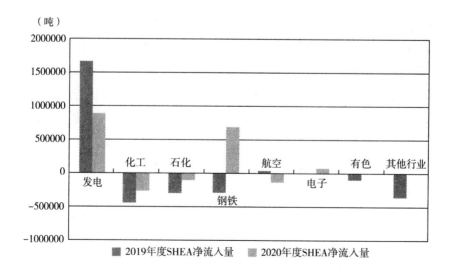

图 2-1　上海碳市场 2019 年度纳管企业按行业分类配额净流入量

资料来源：《2020 上海碳市场报告》。

由净流出转为净流入，表明石化行业中部分企业已从有配额盈余变成有配额缺口。广州碳排放权交易所在 2023 年 1 月也发布了《2022 年度市场报告》，披露了 2021 履约年度广东省碳排放配额（GDEA）净流出行业为造纸、发电和水泥行业，其中造纸行业净流出量较上一年度增加 43.66%，发电行业由上一年度净流入转为净流出，水泥行业净流出量较上一年度增加 17.75%。净流入行业为石化、钢铁和民航行业，石化行业净流入量较上一年度增加 43.46%（见表 2-19）。

表 2-19　控排行业广东省碳排放配额交易量统计

序号	行业	占 2021 履约年度总交易量比例（双边）（%）	占 2020 履约年度总交易量比例（%）	2021 履约年度行业净流入/净流出同比变化（%）
1	发电	1.70	22.36	−110.25
2	钢铁	11.03	4.34	−88.09
3	水泥	5.89	3.77	17.75
4	造纸	5.64	2.38	43.66
5	民航	0.06	0.08	—
6	石化	4.18	1.64	43.46
	汇总	28.50	34.57	

资料来源：广州碳排放权交易所。

从上海和广东试点披露的信息来看，在全国碳排放权交易市场启动以前，发电行业是最大的配额净买入方，一是由于发电行业排放量总额较大；二是发电行业采用偏紧缩的基准线法，所以存在较大的配额缺口。鉴于发电行业占我国温室气体排放总量的巨大比例，未来全国碳排放权交易市场扩大行业覆盖范围后，发电行业依旧是最大的市场交易参与者，但其作为净买入方还是净卖出方，则取决于配额分配方法的参数选取。

（2）CCER 在试点碳排放权交易市场履约中的使用

中国核证自愿减排量（CCER）是碳市场的重要补充部分，我国最早于 2012 年开始在多地试点交易 CCER，此后又于 2017 年 3 月暂停受理 CCER 相关备案申请，截至 2023 年底尚未恢复。

尽管各试点在各自的履约规则中允许重点排放单位使用 3%～10% 不等比例的抵销信用抵销其碳排放，但实际上各年度各试点的抵销信用使用比例并不大。

根据信息披露，上海碳市场 2014 年度配额清缴中仅有 50 万吨 CCER 被用于抵销①，按 1.6 亿吨的配额总量估算，抵销比例仅 0.3%；广东碳市场 2016 年度配额清缴中使用了 303641 吨 CCER、239197 吨广东 PHCER 履约②，按照 4.2 亿吨的配额总量估算，抵销比例只有 1.3%。

2014~2021 年，全国各试点碳排放权交易市场共成交 CCER4.41 亿吨，其中上海碳交易所累计成交量为 1.7 亿吨，占比 39%（见图 2-2）。

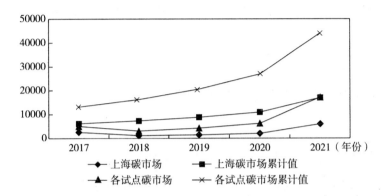

图 2-2　2017~2021 年上海及各试点碳排放权交易市场 CCER 成交量

资料来源：上海环境能源交易所。

2021 年，CCER 被用于全国和试点碳排放权交易市场履约。全国碳排放权交易市场第一个履约周期（2019~2020 年）总计纳入发电行业重点排放单位 2162 家，年度覆盖 CO_2 排放量约 45 亿吨。其中，847 家重点排放单位存在配额缺口，缺口总量为 1.88 亿吨，累计使用约 3273 万吨 CCER 用于配额清缴抵消。

由于没有增量项目，全国碳排放权交易市场及各地方试点碳排放权交易市场抵消使用的 CCER 均为 2017 年 3 月以前签发的减排量。在供给逐渐稀缺的情况下，全国范围内 CCER 价格普遍呈现上涨趋势。复旦碳价指数显示，CCER 价格区间从 2022 年初的 35 元/吨附近上涨至年末的 60 元/吨附近；2022 年 8 月北京碳市场有 CCER 挂牌交易价超过 80 元。

---

① https：//www. pishu. com. cn/skwx_ ps/databasedetail？ SiteID = 14&contentId = 9293621&contentType = literature&type =%25E6%258A%25A5%25E5%2591%258A&subLibID =.

② 广东：碳普惠减排量首度抵消配额 ［EB/OL］. http：//m. xinhuanet. com/2017-06/22/c_ 112118 8592. htm.

2022 年全国 CCER 交易量为 795.9 万吨，同比 2021 年下降 95.5%，主要是因为市场中流通的 CCER 有限，且全国碳排放权交易市场没有 CCER 抵消的需求。试点碳排放权交易市场中，2022 年的市场成交主要集中在上海和天津，占总成交量的 65% 以上。

第三节　试点碳排放权交易市场交易情况

一、试点碳排放权交易市场交易规则

（一）参与主体

碳排放权交易的参与主体主要包括控排主体、投资机构、交易平台以及主管部门，每一主体在碳排放权交易中都承担了不同的权利与义务。

主管部门有效推进了碳排放权交易在所辖区域内的运行工作。各试点地区的管理架构基本相同，发展改革委为各自辖区内的碳排放权交易主管部门（2018 年底应对气候变化职能转隶至生态环境部门后，碳排放权交易主管部门也变更为各地生态环境部门），负责顶层设计和监督管理。

碳排放权交易所负责各辖区内交易平台有关交易环节的规则制定及执行，对交易参与方及相关行为进行监督管理；各分管部门在各自的职责范围内进行相关的管理活动。

各个试点碳排放权交易市场的参与主体如表 2-20 所示。

表 2-20　各个试点碳排放权交易市场的参与主体

碳市场	关于参与主体的界定	主管部门	分管部门	交易场所
广东	控排主体、新建项目企业、符合条件的其他组织和个人	广东发展改革委（2013~2018 年）；广东生态环境厅（2019 年至今）	各地级以上市人民政府，各地级以上市发展改革部门，省经济和信息化、财政、住房城乡建设、交通运输、统计、价格、质监、金融等部门	广州碳排放权交易所

碳市场	关于参与主体的界定	主管部门	分管部门	交易场所
湖北	控排主体、拥有CCER的法人机构和其他组织，省碳排放权储备机构，符合条件的自愿参与碳交易的法人机构和其他组织	湖北发展改革委（2013~2018年）；湖北生态环境厅（2019年至今）	省经济和信息化、财政、国资、统计、物价、质监、金融等有关部门	湖北碳排放权交易中心
上海	以试点企业为主，符合条件的其他主体也可参与交易	上海发展改革委（2013~2018年）；上海生态环境局（2019年至今）	市经济信息化、建设交通、商务、交通港口、旅游、金融、统计、质量技监、财政、国资等部门、节能监察中心	上海环境能源交易所
天津	控排主体与国内外机构、企业、社会团体、其他组织和个人	天津发展改革委（2013~2018年）；天津生态环境局（2019年至今）	市经济和信息化、建设交通、国资、金融、财政、统计、质监和证监等部门	天津排放权交易所
深圳	控排主体、其他未纳入企业、个人、投资机构	深圳发展改革委（2013~2018年）；深圳生态环境局（2019年至今）	市住房建设、交通运输、市场监督管理、统计、财政、金融、经贸信息、科技创新、税务、环境保护、规划国土、交通运输、水务部门	深圳排放权交易所
北京	控排主体及其他自愿参与交易的单位、符合条件的自然人	北京发展改革委（2013~2018年）；北京生态环境局（2019年至今）	市统计、金融、财政、园林绿化等行业主管部门	北京绿色交易所
重庆	配额管理单位、其他符合条件的市场主体及自然人	重庆发展改革委（2014~2018年）；重庆生态环境局（2019年至今）	市金融办、财政局、经济信息委、城乡建委、国资委、质监局、物价局等部门和单位	重庆碳排放权交易中心

资料来源：根据相关资料整理。

（二）交易方式

《国务院关于清理整顿各类交易场所切实防范金融风险的规定》（国发〔2011〕38号）及《国务院办公厅关于清理整顿各类交易场所的实施意见》（国办发〔2012〕37号）文中规定"不得采取集中交易方式进行交易……包括集合竞价，连续竞价，电子撮合，匿名交易，做市商等交易方式……"，因此各碳交易试点多数采用协议交易、单向交易等方式来兼顾交易效率和监管要求。全国7

个碳交易试点地区交易所及四川联合环境交易所、海峡股权交易中心的交易方式如表 2-21 所示。

表 2-21 试点地区交易所交易方式具体分析

试点地区交易所	交易方式		具体含义
北京绿色交易所	公开交易	整体交易	每笔申报数量须一次性全部成交，否则交易不能达成
		部分交易	可以由一个或一个以上应价方与申报方达成交易，允许部分成交
		定价交易	申报方固定价格由一个或一个以上应价方与申报方达成交易成交，允许部分成交
	协议转让		单笔交易额超过 10000 吨或关联交易进行协议转让
天津排放权交易所	网络现货交易		交易者通过交易所交易系统对碳排放配额产品进行交易申报，经匹配后生成电子交易合同，持有电子交易合同的交易者可根据申报实现实物交收的交易方式
	协议交易		协议交易是指在交易所组织下，交易者通过协商方式确定交易内容、交易价格等条款，签订交易合同，完成交易过程的交易方式
	拍卖交易		拍卖交易是指交易标的以整体为单位进行挂牌转让，在设定的一个交易周期内，多个意向受让方（不少于 2 人）对同一标的物按照拍卖规则及加价幅度出价，直至交易结束，最终按照"价格优先，时间优先"原则确定最终受让方的交易方式
上海环境能源交易所	挂牌交易		是指在规定的时间内，会员或客户通过交易系统进行买卖申报，交易系统对买卖申报进行单向逐笔配对的公开竞价交易方式
	协议转让		协议转让，是指交易双方通过交易所电子交易系统进行报价、询价达成一致意见并确认成交的交易方式
重庆联合产权交易所	协议交易	意向申报	意向申报指令包括交易品种代码、买卖方向、交易价格、交易数量和交易账号等内容。意向申报不承担成交义务，意向申报指令可以撤销
		成交申报	成交申报要求明确指定价格、数量和对手方。成交申报指令在交易系统确认成交前可以撤销。交易系统对交易品种代码、买卖方向、交易价格、交易数量、对手方交易账号和约定号等各项内容均匹配的成交申报进行成交确认
		定价申报	合意的对手方通过交易系统发出成交指令，按指定的价格与定价申报全部或部分成交，交易系统按时间优先顺序进行成交确认

续表

试点地区交易所	交易方式		具体含义
广州碳排放权交易中心	挂牌竞价		是指交易参与人通过交易系统进行买卖申报，由交易系统对申报排序后进行揭示，并在交易系统规定的时间段内对买卖申报进行一次性单向配对的交易方式。挂牌竞价的交易时段分为申报时段和配对时段
	挂牌点选		是指交易参与人提交卖出或买入挂单申报，确定标的数量和价格，意向受让方或出让方通过查看实时挂单列表，点选意向挂单，提交买入或卖出申报，完成交易的交易方式
广州碳排放权交易中心	单向竞价		是指出让方向交易系统提交卖出挂单申报，确定标的数量和保留价，在规定时间内由意向受让方通过网络进行自主竞价并成交的交易方式
	协议转让		是指交易双方通过协商达成一致并通过交易系统完成交易的交易方式。交易参与人采用协议转让的，其单笔交易数量应达到10万吨或以上
湖北碳排放权交易中心	协商议价转让		在本中心规定的交易时段内，卖方将标的物通过交易系统申报卖出，买方通过交易系统申报买入，本中心将交易申报排序后进行揭示，交易系统对买卖申报采取单向逐笔配对的交易模式
	定价转让	公开转让	是指卖方将标的物以某一固定价格在本中心交易系统发布转让信息，在挂牌期限内，接受意向买方买入申报，挂牌期截止后，根据卖方确定的价格优先或者数量优先原则达成交易。单笔挂牌数量不得小于10000吨二氧化碳当量
		协议转让	是指卖方指定一个或多个买方为指定交易对手方，买卖双方场外协商确定交易品种、价格及数量，签订转让协议，并在交易系统内实施标的物交割的交易方式
深圳排放权交易所	电子竞价		竞价过程分为自由报价期和限时报价期，进行竞价
	定价点选		是指交易参与人按其限定的价格进行委托申报，其他交易参与人对该委托进行点选成交的交易方式
	大宗交易		是指单笔交易数量达到10000吨二氧化碳当量以上的交易
四川联合环境交易所	定价点选		是指一方交易参与人发起买卖交易产品，按照其限定的价格在交易系统中进行委托申报，其他交易参与人对该委托进行响应时，在交易系统中点选该委托，并在交易系统中发出成交委托申报指令

试点地区交易所	交易方式	具体含义
四川联合环境 交易所	电子竞价	一方交易参与人发起买卖交易产品，设定一定交易条件，委托交易所买卖交易产品，交易所对其委托事项和公告内容经合规性形式审查通过后，在交易系统和其他信息媒介发布电子竞价公告
	大宗交易	是指一方交易参与人发起买卖交易产品，达到一万吨门槛后，通过交易系统提交意向申报，发起方和响应方达成一致后分别提交成交申报，由交易系统完成成交确认的交易方式
海峡股权 交易中心	挂牌点选	交易参与方采用挂牌点选交易方式的，应当直接通过交易系统提出申报，交易对手方通过交易系统回应申报并提出报价完成交易
	协议转让	交易双方采用协议转让交易方式的，应当协商一致，由一方通过交易系统提出申报，另一方通过交易系统确认后完成交易
	单向竞价	交易参与方采用单向竞价交易方式的，应当先向海峡股权交易中心提交挂牌出让申请，海峡股权交易中心审核通过后发布公告并组织竞价，在约定的时间内由符合条件的意向受让方按照规定报价，最终达成一致并成交
	定价转让	交易参与方采用定价转让交易方式的，应当先向海峡股权交易中心提交挂牌出让申请，海峡股权交易中心审核通过后发布公告并组织交易，在约定的时间内由符合条件的意向受让方提交定价申购申报，最终达成一致并成交

在具体的交易方式上，考虑到各交易所对于相似的交易方式有不同的名称，在此按照价格形成与报价者数量关系等特点进行分类，总体上将试点地区的交易方式作如下区分：从委托方/发起人与意向方/应价人的关系来区分，交易方式可以分为一对一的协议交易、一对多的单向交易、多对多的双向交易。

一对一的协议交易。各试点碳交易所的形式基本相同，即买卖双方在场内/场外已达成意向后，向交易所提交成交申请，经交易所场内确认后完成交易。其中，大部分试点交易所的协议交易分为意向申报与成交申报两个阶段。意向申报阶段实质是为协议交易者提供场内寻找对手方和进行磋商的渠道，最终通过一对一的关系确定对手方，达成交易。

一对多的单向交易。委托方/发起人通过系统向不特定的参与方发布明确的交易意向，包括买卖方向、数量与价格等，由多个意向方/应价人响应，并根据价格、时间等交易规则明确的优先顺序选择对手方成交的方式。在一对多的单向交易方式中，又可以分为定价交易和竞价（限价）交易。

多对多的双向交易。交易参与方自主申报交易意向，由交易所根据交易规则明确的优先顺序撮合成交的方式。

（三）监督机制

市场监督机制主要包括奖惩机制、冻结账户等。通过对不遵守碳排放权市场相关制度的企业进行处罚，对模范遵守者进行奖励，是碳排放权市场运行的重要保障。尽管违规行为的声誉影响已被证明具有强大威慑作用并可通过公开披露碳市场的业绩强化威慑作用，但建立具有约束力的惩罚制度仍十分必要。为确保碳排放权市场的良好运行，交易所通过在必要时间段内冻结账户确保交易活动的有序性。对异常交易行为，交易所可以对参与主体采取电话提醒、要求报告情况、要求提交书面承诺、约见谈话等措施；行为影响恶劣的，交易所可以针对性地采取冻结账户措施，限制其交易。

第一，奖惩机制。碳排放权市场惩罚制度一般通过通报批评和处罚等手段实现，控排主体出现违约问题时，碳排放权市场监管机构与相应政府部门应当迅速响应，通过具有公信力的执法与适当的处罚，确保控排主体全面遵守相关规定以保障市场完整性与流动性，并保持市场参与者的信任和信心。国内试点可操作惩罚措施有：经济处罚方面，北京和深圳试点规定基于市场碳价和未清缴配额量且没有绝对上限的罚款额度。如北京规定对于仍未完成配额履约的企业，根据其超出配额许可范围的碳排放量，按照市场均价的3倍至5倍予以处罚；对于未报送碳排放报告或者第三方核查报告的企业，可以对违约企业处以5万元以下的罚款。上海、广东和湖北虽然针对未完成配额清缴义务规定了罚款，但是其罚款金额上限较低，天津和重庆则未设立罚款规定。试点采取的其他惩罚措施主要包括将违约信息纳入社会信用体系和向社会公布、取消享受财政资助及扶持性政策的资格、将相关信息纳入对国有企业负责人的考核、取消评优资格、停止违约企业新建项目审批等。

第二，冻结账户。碳排放权试点地区的交易所已经规定了冻结账户等措施确保交易活动的良好运行。比如，广州碳排放权交易中心的交易参与人需要向交易系统提交挂牌点选交易挂单申报，挂单申报时需提交交易标的代码、数量、单价、买卖方向等信息，申报完成后对应的交易标的或资金会被冻结，并进入挂单队列。北京绿色交易所交收制度中交易日买入的碳排放权当日清算划入交易参与人的碳排放权交易账户并冻结，冻结期结束后可转让；交易参与人买入的碳排放权在交收前不得卖出。上海环境能源交易所规定，有根据认为会员或者客户违反交易所交易规则或其他业务细则，对市场正在产生或者将产生重大影响的，交易所对该会员或客户可以采取以下措施：①限制入金；②限制出金；③限制相关账户交易；④冻结相关配额或资金；⑤经市主管部门批准的其他措施。

（四）价格调节机制

中国试点碳排放权交易市场采用的主要市场价格调节机制包括设置拍卖底价和政府公开市场操作。

北京试点碳排放权交易市场规定可预留不超过年度配额总量的5%用于拍卖；配额的日加权平均价格连续10个交易日高于150元/吨时，市发展改革委可组织临时拍卖；配额的日加权平均价格连续10个交易日低于20元/吨时，市发展改革委可组织配额回购。湖北试点碳排放权交易市场设立了政府预留配额，用于市场调控和价格发现，并规定配额预留量一般不超过碳排放配额总量的10%；其中用于市场调控的配额应占到配额预留量的70%以上；价格发现采用公开竞价的方式，竞价收益可用于市场调控。广东试点碳排放权交易市场2019年度碳排放配额第一次有偿竞价发放设置的竞买底价为竞价公告日的前三个自然月广东碳市场配额挂牌点选加权平均成交价的90%。深圳试点碳排放权交易市场的配额分配包括免费发放与拍卖两部分，2021年度拍卖配额占比3%，并设置了拍卖底价，底价按照深圳碳市场2014~2021年各年度履约当月成交均价的算术平均数计算。天津试点碳排放权交易市场也为拍卖配额设置了底价，2020年度配额有偿竞买底价为天津市碳排放配额在2020年1月1日至2021年5月21日所有市场加权平均价。上海试点碳排放权交易市场2020年度碳排放配额第一次有偿竞价发放设置的竞买底价为上海市碳排放配额2021年4~7月所有交易日挂牌交易的市场加权平均价。重庆试点碳排放权交易市场为2019年、2020年年度配额有偿发放设置的竞买底价为竞价公告日前连续6个月重庆市碳市场配额定价申报交易加权平均价格下浮20%。

试点地区交易所大宗交易中大多规定了价格确定方式区间。比如：北京绿色交易所规定由买卖双方自行商定交易价格，但需保证价格在20~150元/吨；上海环境能源交易所规定单笔买卖申报不超过50万吨的，交易价格由交易双方在上一个交易日收盘价的±30%之间协商确定，单笔买卖申报超过 50 万吨（含 50 万吨）的，交易成交价格由交易双方自行协商确定；广州碳排放权交易所规定申报价格应不高于前一个交易日收盘价的 130%，不低于前一个交易日收盘价的 70%；湖北碳排放权交易中心规定价格申报幅度为前一公开市场协商收盘价的上下 30% 区间；海峡股权交易中心规定协议转让交易方式的交易价格有效范围为基准价的上下 30%；天津排放权交易所则规定双方通过协商确定价格；深圳排放权交易所和四川联合环境交易所未有明确说明。

为了维护市场稳定，各交易所均制定有以涨跌幅限制为主要内容的价格稳定机制。各个碳交易试点涨跌幅比例如表 2-22 所示。

表 2-22　试点地区价格涨跌幅限制

试点交易机构	涨跌幅比例
北京绿色交易所	当日基准价的±20%（基准价为上一交易日所有通过公开交易方式成交的交易量的加权平均价）
上海环境能源交易所	上一交易日收盘价的 10%
深圳排放权交易所	上一交易日收盘价的 10%；大宗交易为 30%
广州碳排放权交易所	上一交易日收盘价的 10%；单向竞价交易不设涨幅限制（采取挂牌竞价、挂牌点选交易方式的成交价格须在开盘价±10%区间内；采取单向竞价交易方式的，保留价须在开盘价±10%区间内。协议转让交易中，申报价格应不高于前一个交易日收盘价的 130%，不低于前一个交易日收盘价的 70%）
天津排放权交易所	为上一交易日收盘价的 10%
重庆碳排放权交易所	为上一交易日收盘价的 20%
湖北碳排放权交易所	协商议价转让实行日议价区间限制，议价幅度比例为 10%。定价公开转让和协议转让申报幅度比例为 30%
海峡股权交易中心	挂牌点选为上一交易日收盘价的 10%；协议转让交易为上一交易日收盘价的 30%

各试点碳排放权交易市场均设有涨跌幅限制，且根据成交方式的不同，涨跌幅比例也有所区别：存在协议转让或大宗交易等交易方式的试点地区，这两种成交的涨跌幅比例较公开市场成交涨跌幅比例扩大，主要是由于这两种方式单笔交易量较大，议价程度较高。

二、试点碳排放权交易市场交易现状

（一）交易量

交易量是衡量碳排放权市场效率的重要指标之一，我国不同试点碳排放权交易市场成交量差距较大。自试点碳排放权交易市场启动至 2022 年 12 月 31 日，全国试点地区累计成交量已达 32539.9 万吨，累计成交额达到 947314.8 万元。表 2-23 展示了试点碳排放权交易市场累计成交量及成交额。

表 2-23　试点碳排放权交易市场累计成交量及成交额（截至 2022 年 12 月 31 日）

试点	累计成交量（万吨）	市场占比（%）	累计成交额（万元）	市场占比（%）
湖北	8124.7	24.07	198070.2	20.30
广东	11429.7	33.86	354972.8	36.38
上海	1870.1	5.54	61469.3	6.30
深圳	3874.4	11.47	103157.1	10.57
天津	3466.5	10.27	84283.3	8.64
重庆	1048.3	3.11	5261.8	0.54
北京	1814.0	5.37	123110.4	12.62
福建	2124.0	6.29	45420.9	4.65

注：表中重庆数据截至 2021 年 12 月 31 日。

资料来源：CSMAR 数据库。

从各试点地区累计成交量来看，湖北试点碳排放权交易市场累计成交量为 8124.7 万吨，占试点碳排放权交易市场的 24.07%；广东试点碳排放权交易市场累计成交量为 11429.7 万吨，占试点碳排放权交易市场的 33.86%。湖北和广东试点碳排放权交易市场合计占据全国试点碳排放权交易市场的 58%，上海、深圳、天津、重庆、北京和福建这 6 个试点碳排放权交易市场则合计约占据全国试点碳排放权交易市场的 42%。

从各试点地区累计成交额来看，湖北试点碳排放权交易市场累计成交额为 198070.2 万元，占试点碳排放权交易市场的 20.30%；广东试点碳排放权交易市场累计成交额为 354972.8 万元，占试点碳排放权交易市场的 36.38%。湖北和广东试点碳排放权交易市场成交额合计约占据全国试点碳排放权交易市场的 57%，上海、深圳、天津、重庆、北京和福建这 6 个试点碳排放权交易市场则合计约占据全国试点碳排放权交易市场的 43%。

从各试点地区碳排放配额成交量整体趋势来看，试点碳排放权交易市场逐步发展壮大，2014~2022 年我国碳交易市场成交量整体呈现先减后增的"U"形趋势。2017 年我国碳交易成交量最大，为 5074.69 万吨；2018 年碳排放配额成交量较低，为 2965.77 万吨，同比下降 41.56%；2020 年及 2021 年试点碳排放权交易市场成交量均达到了 5000 万吨左右，2022 年成交量略有下降（见图 2-3）。

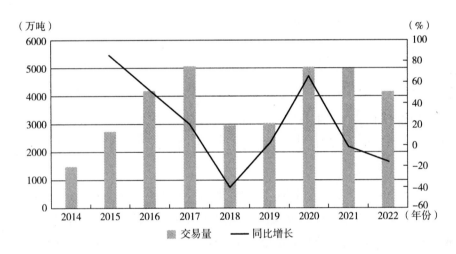

图 2-3 2014~2022 年试点碳排放权交易市场交易量及增速

资料来源：CSMAR 数据库。

从各试点地区成交量趋势来看，不同试点碳排放权交易市场成交量差距较大，规模差异明显。从图 2-4 可以看出，2013~2022 年湖北和广东碳排放权交易市场交易规模都要高于上海、深圳、天津、重庆、北京和福建这六个试点碳市场。从各试点碳交易量趋势来看，广东省总体保持先降后升的"U"形趋势；福建省则呈现先升后降的"倒 U"形趋势；北京和上海呈现先降后升再降的趋势；天津、湖北则是先升后降再升；重庆则呈现极不稳定的波浪形升降趋势；深圳交易量则总体呈下降趋势。

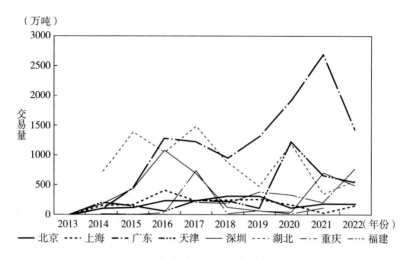

图 2-4 2013~2022 年各试点碳排放权交易市场交易量趋势

资料来源：CSMAR 数据库。

从部分试点交易方式占比来看，北京试点碳排放权交易市场自 2013 年 11 月 28 日开市至 2018 年 12 月 31 日，累计成交配额 2907 万吨，交易额 10.49 亿元。其中，线上公开成交 1051 万吨，交易额 5.54 亿元；线下协议转让成交 1856 万吨，交易额 4.95 亿元。

广东试点碳排放权交易市场在 2019 履约年度重启一级市场有偿竞价，共有 28 家控排企业、新建项目单位及投资机构参加竞价，最终 8 家竞价成功，总成交量 40 万吨，成交金额 1128 万元。统一成交价为 28.20 元/吨，与同期二级市场配额价格大致持平，充分体现了广东碳市场发现功能。

上海试点碳排放权交易市场自 2013 年 11 月 26 日至 2021 年 12 月 31 日，配额产品累计成交 4790.22 万吨，累计交易额为 11.61 亿元。其中，一级市场有偿竞价交易量 308.88 万吨，交易额 1.24 亿元；二级市场挂牌交易量 1748.56 万吨，交易额 5.33 亿元，协议转让交易量 2732.78 万吨，交易额 5.03 亿元。2021 年，上海试点碳排放权交易市场二级市场挂牌交易量和协议转让交易量分别为 127.43 万吨和 24.47 万吨，交易金额超过 8000 万元。上海试点碳排放权交易市场于 2020 年举行了首次非履约有偿竞价发放，交易量达 211.8 万吨，交易额超 8000 万元，提升了市场流动性。2021 年，上海碳排放配额远期产品成交量 4 万吨，协议号为 SHEAF112021。上海试点碳排放权交易市场 2021 年共上线 8 个远

期协议，其中退市协议 4 个。自 2016 年上海碳排放配额远期产品上线至 2021 年
12 月 31 日，上海碳远期产品累计协议个数达 43708 个（双边），累计成交数量
437.08 万吨（双边），累计成交额 1.58 亿元。

（二）交易主体特征

全国各试点碳排放权交易市场交易主体除控排主体外，还包括投资机构和个
人，多元化的趋势明显。

1. 交易主体类型

控排主体是碳排放权交易市场最重要的交易方。由于我国碳排放权交易市场
刚起步，很多控排主体对于参加交易持观望态度，对配额管理并没有积极主动的
意识，参与碳交易更多的是被动应付履约要求。同时，参与市场交易的控排主体
数量有限，履约产生的交易量很小，市场开放度不高，交易不活跃，进一步影响
了交易主体的多元化发展。

机构和个人投资者对提高碳排放权市场流动性、强化价格发现能力都有一定
的作用。但这些投资者对碳排放配额没有实际需求，其参与碳排放权市场的目的
是投资或获利。根据各试点统计数据，以投资盈利为目的的金融机构和自然人占
市场交易主体总数量的比例不足 10%，且参与度不高，未充分发挥出在活跃交易
市场方面的作用。

2. 交易主体数量

各试点碳排放权交易市场关于交易主体的界定有些许差异。比如：广东将交
易主体界定为控排主体、新建项目企业、符合条件的其他组织和个人；湖北将交
易主体界定为控排主体、拥有 CCER 的法人机构和其他组织，省碳排放权储备机
构，符合条件的自愿参与碳交易的法人机构和其他组织；上海则以试点企业为
主；天津将交易主体界定为控排主体与国内外机构、企业、社会团体、其他组织
和个人；深圳将交易主体界定为控排主体、其他未纳入企业、个人、投资机构；
北京将交易主体界定控排主体及其他自愿参与交易的单位、符合条件的自然人；
重庆将交易主体界定配额管理单位、其他符合条件的市场主体及自然人。各试点
碳排放权交易市场的参与主体可以分为控排主体、个人投资者以及机构投资者，
各试点碳市场控排主体数量如表 2-24 所示。除控排主体外，个人和机构投资者
也在试点碳市场交易中发挥了相应的作用，但目前各试点碳排放权交易市场对个
人投资者数量和机构投资者数量信息的披露有限。

表 2-24　试点碳排放权交易市场的交易主体

碳市场	关于交易主体的界定	控排主体数量	数据来源
广东	控排主体、新建项目企业、符合条件的其他组织和个人	217	《广东省 2022 年度碳排放配额分配方案》
湖北	控排主体、拥有 CCER 的法人机构和其他组织，省碳排放权储备机构，符合条件的自愿参与碳交易的法人机构和其他组织	339	《湖北省 2021 年度碳排放权配额分配方案》
上海	以试点企业为主，符合条件的其他主体也可参与交易	323	《上海市纳入碳排放配额管理单位名单（2021 版）》
天津	控排主体与国内外机构、企业、社会团体、其他组织和个人	145	《关于天津市 2022 年度碳排放配额安排的通知》
深圳	控排主体、其他未纳入企业、个人、投资机构	750	《深圳市 2021 年度碳排放配额分配方案》
北京	控排主体及其他自愿参与交易的单位、符合条件的自然人	886	《关于公布 2021 年度北京市重点碳排放单位及一般报告单位名单的通知》
重庆	重点排放单位以及符合条件的机构和个人	308	《重庆市 2021、2022 年度碳排放配额分配实施方案》
福建	纳入碳排放配额管理的重点排放单位以及其他符合条件且自愿参与碳排放权交易的公民、法人或者其他组织	296	《福建省 2021 年度碳排放配额分配实施方案》

资料来源：根据相关资料整理。

3. 不同交易主体交易规模占比

（1）上海碳排放权交易市场

2020 年 8 月，举行了自上海碳排放权交易市场启动以来首次配额非履约有偿竞价发放，发放总量为 200 万吨，并首次引入机构投资者参与，改善了碳市场配额供给，推动了配额有偿发放参与主体多元化，提高了配额流动性。2020 年，参与交易的市场主体共 197 家，其中投资机构 79 家，其交易量占 2020 年度总成交量的 76.86%；纳管企业 118 家，其交易量占 2020 年度总成交量的 19.11%。2021 年，投资机构 CCER 成交量占上海碳排放权交易市场 CCER 总成交量的 85%，CCER 成交量排名前十位的均为投资机构[1]。

----

① 上海环境能源交易所。

（2）广东碳市场

2021 年，广东碳排放权交易市场控排企业交易量占 2021 年度总成交量的 37.75%，投资者交易量占总成交量的 62.25%。可见投资机构作为广东碳排放权交易市场交易主力，既为广东碳排放权交易市场提供了充沛的流动性，又提升了其资产管理水平①。

（3）北京碳市场

2014 年底，北京碳排放权交易市场在放宽机构投资者参与条件的同时，也引入了个人投资者的参与。2014 年，北京碳排放权交易市场全部公开交易活动中，自然人参与的交易量几乎可以忽略不计，绝大部分交易量都发生在机构之间。其中，履约机构与履约机构之间的成交量为 83 万吨，占总成交量的 78%，交易笔数占总笔数的 61%；履约机构与非履约机构之间的成交量为 23 万吨，占总成交量的 21%，交易笔数占总笔数的 35%；非履约机构之间的成交量 1 万吨，占总成交量的 1%，交易笔数占总笔数的 4%②。

2018 履约年度共有近 360 家机构和自然人参与过交易。其中，履约机构与履约机构之间的交易占总笔数的 1.29%，占总成交量的 0.41%；履约机构与非履约机构之间的交易占总笔数的 80.82%，占总成交量的 36.88%；非履约机构之间的交易占总笔数的 11.42%，占总成交量的 59.06%；自然人投资者参与的交易占总笔数的 6.47%，占总成交量的 3.65%。可见非履约机构参与的交易呈明显的增长趋势，不难看出非履约机构在活跃市场氛围、增强市场流动性等方面发挥了重要的作用③。

4. 不同行业控排主体的交易占比

上海碳排放权交易市场总体运行效果良好，工业领域是上海碳排放权交易市场控排主体数量最大的部门。2021 年上海市纳入碳排放配额管理的 323 家单位中，工业部门重点排放单位共有 280 家，占控排主体总量的 86.69%。除工业部门外，上海碳排放权交易市场还纳入了 31 家交通行业重点排放单位和 12 家建筑部门重点排放单位，占比分别为 9.60% 和 3.72%④。

广东碳排放权交易市场 2022 年度控排企业配额交易量总计 428.56 万吨，占

---

① 广东碳排放权交易所。
②③ 北京绿色交易所。
④ 上海环境能源交易所。

广东碳排放权交易市场总交易量的 28.50%。其中，钢铁行业占比最高，达 11.03%；其次是水泥行业，占比 5.89%；然后是造纸行业占比 5.64%，石化行业占比 4.18%，发电行业和民航行业则分别占比 1.70% 和 0.06%（见表 2-25）。

表 2-25　广东碳排放权交易市场 2022 履约年度控排行业配额交易统计

行业	占 2022 年度交易总量比例（%）
钢铁	11.03
水泥	5.89
造纸	5.64
石化	4.18
发电	1.70
民航	0.06
控排行业汇总	28.50

资料来源：广东碳排放权交易所。

三、试点碳排放权交易市场碳排放权价格走势

受各试点资源禀赋、市场主体结构、政策设计等多方面的影响，我国各试点碳排放权交易市场的配额价格水平、价格走势、价格波动性均存在较大差异。①价格水平方面，北京试点碳排放权交易市场的价格水平最高，其次为上海、深圳，广东、湖北的配额均价处于第三梯队，天津、福建和重庆的配额价格最低。②价格走势方面，北京碳排放权交易市场总体呈现上升趋势，上海、广东、湖北、天津、重庆均呈现先下降后上升趋势，深圳和福建总体呈现下降趋势。③价格波动性方面，湖北碳排放权交易市场的价格波动最小、其次为上海和天津，深圳的价格波动最剧烈，北京和广东的价格波动也较为明显。

（一）长期趋势及波动周期

图 2-5 给出了各试点自起步至今的碳价走势及成交量，表 2-26 列出了不同试点各年份的加权平均价格和起步至今的总体加权平均价。综合图 2-5 和表 2-26 可以看出，各试点碳排放权交易市场的配额价格水平、价格走势均存在较大差异。

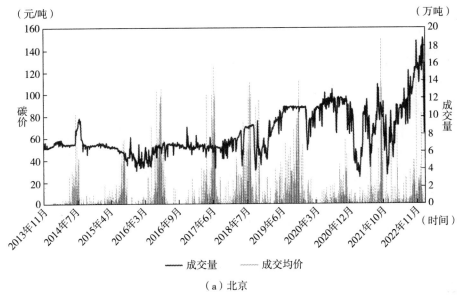

（a）北京

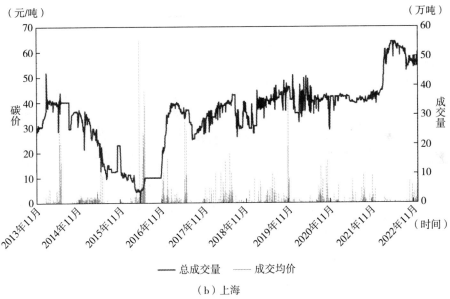

（b）上海

图 2-5　试点碳排放权交易市场的碳价走势及成交量

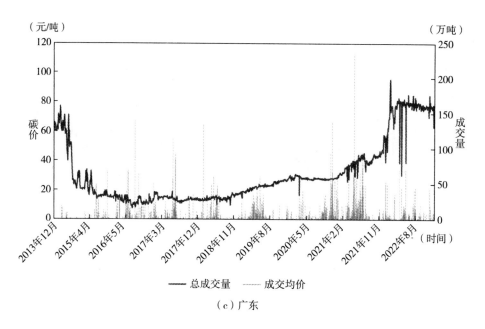

（c）广东

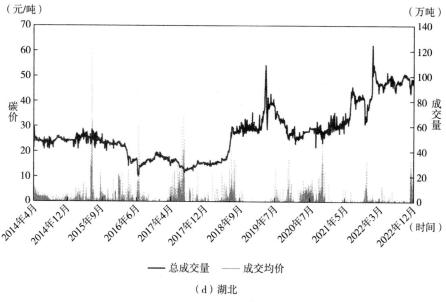

（d）湖北

图 2-5　试点碳排放权交易市场的碳价走势及成交量（续）

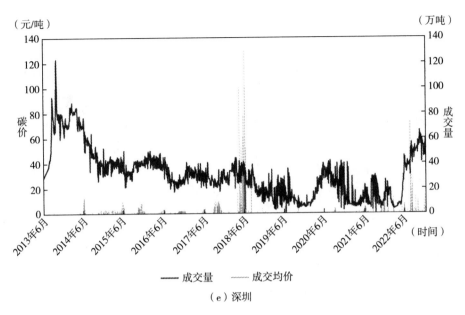

（e）深圳

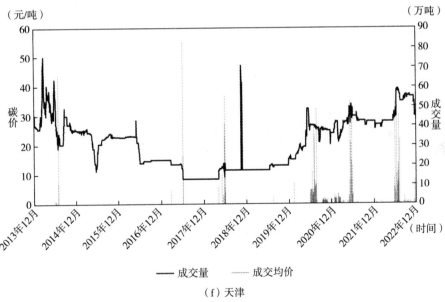

（f）天津

图 2-5　试点碳排放权交易市场的碳价走势及成交量（续）

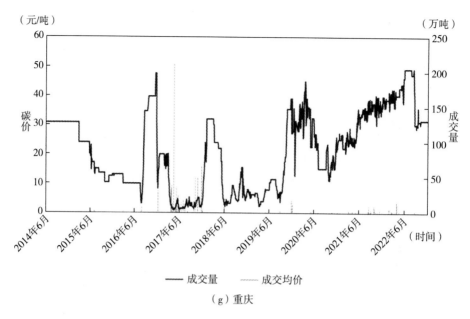

（g）重庆

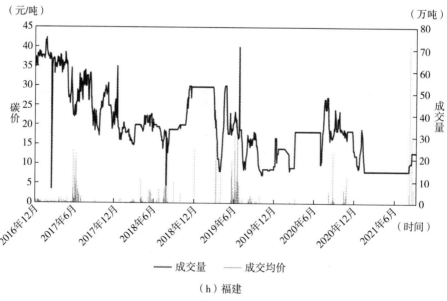

（h）福建

图 2-5 试点碳排放权交易市场的碳价走势及成交量（续）

资料来源：各试点交易所。

表 2-26 试点碳排放权交易市场的年均碳价及总体均价

试点	年均价（产量加权平均，元/吨）										总体均价（元/吨）
	2013 年	2014 年	2015 年	2016 年	2017 年	2018 年	2019 年	2020 年	2021 年	2022 年	
北京	51.2	59.5	46.7	48.8	50.0	57.5	83.2	89.7	72.3	109.2	68.0
上海	28.4	38.3	24.0	8.4	35.1	37.4	41.8	40.3	40.3	56.4	32.9
广东	60.2	52.8	16.9	12.8	14.7	14.8	21.4	27.3	38.4	70.3	30.7
湖北	—	23.9	25.0	18.1	14.6	22.8	29.7	27.7	34.6	46.8	24.5
深圳	66.7	62.2	38.3	29.7	25.3	32.8	13.7	23.0	11.7	43.7	34.1
天津	28.6	23.1	22.4	20.9	8.9	11.6	11.6	26.0	30.4	34.3	26.8
重庆	0	30.7	18.6	11.6	2.8	4.4	19.8	14.6	28.8	39.0	10.2
福建	—	—	—	35.8	27.6	18.9	18.2	17.6	14.2	—	20.5

资料来源：各试点交易所。

在价格水平方面，北京试点碳排放权交易市场的碳价位居各试点碳排放权交易市场之首，大多数时间处于 50~90 元/吨，历年的成交均价为 68 元/吨左右。其余各试点中，上海、深圳的价格水平相对较高，上海在 2015 年初至 2016 年底的碳价较低，其余时期价格均在 30~50 元/吨的区间波动，历年碳价均价在 33 元/吨左右；深圳碳排放权交易市场在运行之初的价格颇高，一度高达 120 元/吨，但随后持续走低，2015~2018 年价格在 30~50 元/吨波动，2018 年起价格进一步下跌至 20 元/吨左右，其历年碳价均价在 34 元/吨左右。广东、湖北碳排放权交易市场的配额均价位居第三梯队，广东碳排放权交易市场运行初期成交价格较高，一度达到 70 元/吨左右，自 2014 年中开始下降，2015 年之后较为稳定，保持在 15~20 元/吨，2018 年起广东碳价开始稳步上升，到 2022 年底碳价已上升至近 80 元/吨，其历年碳价均价近 31 元/吨。湖北试点碳排放权交易市场碳价总体呈现先下降后上升的趋势，在运行之初碳价稳定在 25 元/吨的水平，2016 年初降至 15~20 元/吨并在此区间波动，2018 年价格开始上升，大多数时间在 25~40 元/吨的区间内波动。天津、重庆和福建碳排放权交易市场的价格水平和成交量均较低，其中天津、福建碳排放权交易市场的配额价格 20~30 元/吨，重庆碳市场的配额均价最低，不足 15 元/吨。

在价格走势方面，北京碳排放权交易市场总体呈现上升趋势，上海、广东、湖北、天津、重庆均呈现先下降后上升趋势，深圳和福建总体呈现下降趋势。

根据图 2-5 也可以看出，各试点碳排放权交易市场的碳价波动性也存在较大差异，但在波动周期方面有一定的相似性。总的来说，一个典型的履约期内碳交易市场价格的变化趋势可以分成四个阶段[①]：一是交易启动期。在碳交易市场启动以后，控排企业根据各自的生产及排放情况在市场中对头寸进行调整，随着时间的推移越来越多的企业从观望价格走势到参与到配额交易中来，交易价格随着市场交易量的增加而相应地逐渐攀升，最终达到履约期的第一个峰值。二是平稳交易期。经过前一个阶段交易的活跃期，参与交易企业的数量和交易量逐渐下行并保持平稳发展，价格也随之下行并稳定。三是履约冲刺期。随着履约截止日期的临近和对未履约企业处罚规定的出台，一些仍有排放量缺口的企业集中开始交易，这时市场量价齐升，达到整个履约期的又一个顶峰，且峰值往往超过了前一个交易启动期的峰值。四是履约后。履约结束后，市场的配额流动性大幅下降，价格也会随之回落。

（二）短期波动率

中国试点碳排放权交易市场中存在较为显著的价格波动现象。各试点碳排放权交易市场的日收益率随时间的变化趋势如图 2-6 所示。对各试点碳排放权交易市场的日收益率进行描述性统计分析，所得结果如表 2-27 所示。

结合图 2-6 和表 2-27 可以看出，各试点的碳价波动特征不同。各交易所的日波动率的均值接近于零，这说明大幅波动和小幅波动具有明显的"聚集"现象。各交易试点日收益率的峰度都大于 3，其中天津、福建试点的峰度尤为高，这主要是因为这两个试点多数交易日无交易量和价格波动，少量交易日的价格波动剧烈，导致其碳价分布呈现尖峰极高的非正态分布特点。其余试点中，北京和湖北的峰度最低。偏度越接近于零说明试点的日波动率分布越均匀。比较偏度可以发现，上海、深圳、天津试点的偏度为正，其余试点为负，其中天津试点的偏度最高，这说明天津试点波动率为正的交易日大大少于波动率为负的交易日。

① 郭白滢，周任远.我国碳交易市场价格周期及其波动性特征分析［J］.统计与决策，2016（21）：154-157.

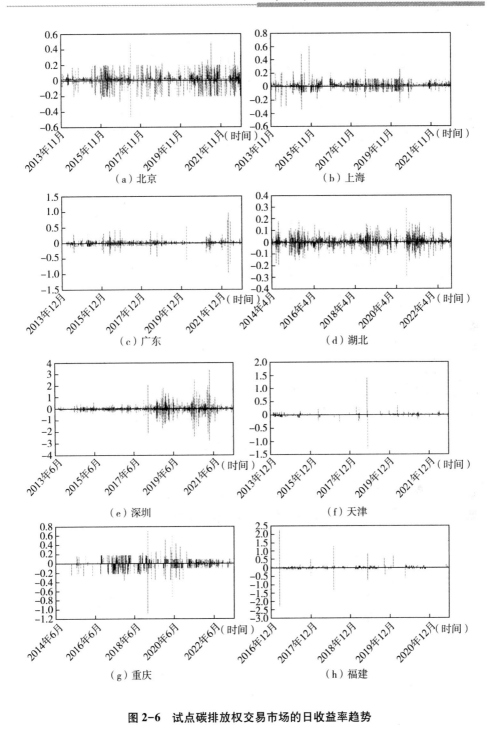

图2-6 试点碳排放权交易市场的日收益率趋势

资料来源：各试点交易所。

表 2-27　各试点碳排放权交易市场的波动性统计

试点	日波动率			月均波动率	年均波动率
	标准差（日均值）	偏度	峰度		
北京	0.089	-0.264	3.078	0.406	1.407
上海	0.047	0.814	22.553	0.215	0.746
广东	0.080	-0.021	42.525	0.365	1.263
湖北	0.042	-0.035	5.470	0.194	0.673
深圳	0.302	0.333	24.188	1.388	4.807
天津	0.050	2.797	467.31	0.230	0.800
重庆	0.086	-0.969	19.851	0.397	1.374
福建	0.129	-0.222	181.46	0.591	2.046

比较各试点的日均波动率可以看出，湖北的日均波动率仅为 0.042，在各试点中最低，而深圳日均波动率高达 0.302，在各试点中最高。这说明两个试点的日波动率分布虽都较为均匀，但湖北试点多为小幅波动，而深圳试点的波动幅度居各试点之首。其余各试点中，福建试点的碳价波动也较为剧烈，其次为北京、重庆和广东，而上海和天津试点的碳价波动相对较小。

第四节　本章小结

本章介绍了试点碳排放权交易市场的碳排放权交易体系发展情况，以及数据核查和配额清缴这两个碳市场履约的关键环节，包括 MRV 的基本原则和方法、规范性文件要求和具体的执行方式。并从我国各试点碳排放权交易市场的交易量和价格水平，交易主体、产品、方式及其相应的特征，以及碳市场价格走势角度，对我国碳排放权交易市场的交易情况进行了梳理分析。

MRV 规则是履约的基础，科学和切实可行的规则才能保障可靠的数据来源。试点碳市场均制定了详细的规则以规范 MRV 工作，同时以严格的抽查和复查机制、严厉的惩罚措施来进一步保证数据质量。即使如此，核查数据质量仍然受限于企业的计量水平、核查机构及工作人员的业务水平。因此，未来需要进一步细化 MRV 规则和核查机构的监管制度，并尝试采用在线检测的方式来减少人为因素对数据质量的干扰。

配额清缴包括履约机制和抵销机制两部分内容，试点碳排放权交易市场均需要以坚实的法律基础作为履约的保障，尤其是以强有力的惩罚措施作为惩戒。从试点碳排放权交易市场履约的实际情况来看，目前的配额分配方法相对宽松，企业的履约难度不大，同时抵销信用发挥作用有限。

国家发展改革委于 2011 年宣布在北京、天津、上海、重庆、湖北、广东、深圳七省市开展碳排放权交易试点工作，七大试点碳市场在 2013 年至 2014 年陆续启动碳排放权交易。自试点碳排放权交易市场启动至 2022 年 12 月 31 日，全国试点地区累计成交量已达 32539.9 万吨，累计成交额达到 947314.8 万元。广东碳排放权交易市场的累计成交总量和累计成交总额最多，是中国试点碳排放权交易市场中唯一累计成交总量过亿吨的碳市场。湖北碳排放权交易市场虽然开市时间较晚，但其累计成交总量和累计成交总额均位列第二，市场活跃度仅次于广东碳市场。各试点碳排放权交易市场碳价水平差异较大，北京碳排放权交易市场成交价最高，达到 68.0 元/吨，是其他碳排放权交易市场碳价的将近两倍。重庆作为最后一个开始碳排放配额交易的试点地区，成交总量和成交总额均低于其他试点市场，而且其成交均价也最低，只有 10.2 元/吨。交易产品方面，除碳排放配额现货和 CCER 外，多个试点碳市场还推出了创新性的本地化交易产品，如广东碳普惠核证减排量（PHCER）、福建省林业碳汇减排量（FFCER）等。广东、湖北和上海碳排放权交易市场推出了碳远期产品，其中广东碳排放权交易市场的碳远期产品为非标协议的场外交易，是较为传统的远期协议方式，而湖北和上海的碳远期产品均为标准化协议，采取线上交易，本质上更接近期货的形式和功能。由于成交量低、价格波动等因素，广东和湖北碳排放权交易市场均已暂停受理远期交易业务，只有上海碳排放权交易市场远期交易仍在运行。

我国试点碳排放权交易市场对碳价形成机制做出了大量不同方向的探索。中国各试点碳排放权交易市场的价格均值和波动性差异较大的主要原因是各试点省市的资源禀赋、经济环境、能源结构、产业规划等存在差异，试点碳排放权交易市场的市场特征和各自的碳市场相关政策也有较大差异。价格水平方面，北京试点碳排放权交易市场的价格水平最高，其次为上海、深圳，广东、湖北的配额均价处于第三梯队，天津、福建和重庆的配额价格最低。价格走势方面，北京碳排放权交易市场总体呈现上升趋势，上海、广东、湖北、天津、重庆均呈现先下降后上升趋势，深圳和福建总体呈现下降趋势。价格波动性方面，湖北碳排放权交易市场的价格波动最小，其次为上海和天津，深圳的价格波动最剧烈、北京和广东的价格波动也较为明显。

第三章 全国碳排放权交易市场篇

第一节 全国碳排放权交易市场发展概况

一、全国碳排放权交易市场要素设计与发展现状

全国碳排放权交易市场是我国实现碳达峰、碳中和目标的重要政策工具，已成为碳达峰、碳中和顶层设计"1+N"政策体系中的重要组成部分。建立切实可行、行之有效的全国碳排放权交易市场是应对气候变化的机制创新，不仅能够成本效益较优地实现温室排放总量控制，协同削减污染物排放，还将积极推动构建绿色低碳循环发展的经济体系，推进社会经济高质量发展，同时也是提升我国应对气候变化国际领导力、引领全球气候治理的重大行动。随着生态环境部不断完善政策体系、提高监管能力，全国碳排放权交易市场已具备稳定运行并推动高效减排的基础。2017年，全国碳排放权交易市场建设正式启动，并于2021年7月16日以电力行业为突破口开始正式交易运行。全国碳排放权交易市场的要素设计如表3-1所示。

表3-1 全国碳排放权交易市场的要素设计

	暂行规定
法律基础	《碳排放权交易管理暂行条例（草案修改稿）》处于公开征集意见阶段，一旦生效，将作为全国碳市场的法律框架主体

		暂行规定
法律基础		《碳排放权交易管理办法（试行）》对于配额的分配和登记、交易、重点排放单位的排放核查、配额清缴与抵销以及对违规违法行为的监督和管理和处罚事项进行了一般规定
		《碳排放权登记管理规则（试行）》《碳排放权交易管理规则（试行）》和《碳排放权结算管理规则（试行）》（合称"《实施细则》"）规范了全国碳排放权登记、交易和结算活动
主要参与者	主管机构	生态环境部获授权牵头组织建立全国碳排放权注册登记系统和全国碳排放权交易体系
	交易所	全国碳交易市场通过两个现有区域碳交易试点运作。上海环境能源交易所负责交易，湖北碳排放权交易中心负责登记、结算
	市场参与者	仅有义务清缴碳排放配额的"重点排放单位"获准参与。重点排放单位由相关省级生态环境主管部门确定并由生态环境部批准。现阶段，其他社会投资者包括境外投资者尚未获准参与
要素	覆盖范围	目前全国碳市场仅覆盖发电行业，约占我国总排放的40%
	总量设定	自下而上设定，即分配予全部覆盖单位的配额总量（根据各单位的排放量和适用基准计算）的总和构成限额。此基于排放强度得出的限额可根据实际供电水平变动
	配额分配	现阶段，碳排放配额根据碳排放强度基准值免费分配给参与者。参与者获得的初始配额为其2018年供电量的70%乘以相应基准系数。基准系数根据能源种类（例如煤炭或可再生能源）和实际产能确定
	MRV	全国碳市场要求重点排放单位应制定碳排放监测计划、提交本单位碳排放报告，并委托第三方核查机构对碳排放报告进行核查
	清缴履约	履约期为1年。对于未能按期履约的重点排放单位，按情形采取责令限期改正、罚款、核减下一期配额等处罚方式
	抵销机制	允许参与者使用区域市场上的自愿减排量抵销碳排放配额的清缴，抵销比例不得超过应清缴碳排放配额的5%
交易	交易产品	碳排放配额（CEA）
	交易方式	可通过协议转让（包括挂牌协议交易和大宗协议交易）、单向竞价及其他符合规则的交易方式进行。交易仅按现货交付条款进行，目前尚未覆盖场外交易
	交易规则	采用涨跌幅限制（±10%）、最大持仓量限制、大户报告、风险警示、风险准备金等措施进行市场风险管理

图 3-1 给出了全国碳排放权交易市场自 2021 年 7 月 16 日上线至 2022 年 12 月 31 日的价格走势。可以看出，市场启动之初，价格一度走高，仅 5 个交易日挂牌协议交易价格即从 48 元/吨上涨至超过 55 元/吨。但除首个交易日成交量较高，达 410 万吨，其余交易日的成交量均较低，不足百万吨，甚至在 8~9 月有多个交易日的交易量不足 1 万吨，与此同时，碳价一路走低，到 8 月底时全国碳排放权交易市场碳价降至 45 元/吨以下并稳定在这一水平。2021 年 10 月 26 日，全国碳排放权交易市场第一个履约周期履约工作启动，11 月市场成交量大幅上涨，但主要以大宗协议的交易为主，且无论是挂牌交易还是大宗协议的成交价均未发生大幅波动。2021 年 12 月，随着全国碳排放权交易市场首个履约截止日①的逼近，全国碳市场呈现量价齐升的特点。成交量方面，12 月全国碳排放权交易市场总成交量超 1.35 亿吨，其中约 84% 的成交量来自于大宗协议，而相比之下 7 月中旬至 11 月底总成交仅 4323 万吨。碳价方面，12 月以来挂牌协议成交均价自 43 元/吨上升至超过 54 元/吨，其中最高碳价一度超过 62 元/吨，大宗协议的碳价稍低于挂牌交易，但总体走势基本一致，价格自 12 月初的 42 元/吨上升至超过 52 元/吨。2022 年 1 月到 2 月，挂牌交易价格持续上涨，最高成交价 61.60 元/吨。2022 年 2 月到 12 月，挂牌交易价格稳定在 57 元/吨左右，大宗协议价格总体围绕配额价格波动。与 2021 年类似，在 2022 年 10 月的履约周期前，碳排放配额成交量基本为零，在 11 月和 12 月配额成交量显著增加，但仍少于 2021 年同期。2022 年全国碳市场碳排放配额总成交量 5088.95 万吨，总成交额 28.14 亿元。截至 2022 年 12 月，全国碳排放权交易市场碳排放配额累计成交量 22967.88 万吨，累计成交额 104.75 亿元。

总体而言，全国碳排放权交易市场首个履约期存在配额分配较为宽松的情况。

二、全国碳排放权交易市场政策框架

（一）国家战略规划

2017 年 12 月，国家发展改革委印发《全国碳排放权交易市场建设方案（发

---

① 根据《关于做好全国碳排放权交易市场第一个履约周期碳排放配额清缴工作的通知》，各省区市要确保 2021 年 12 月 15 日 17 时前本行政区域 95% 的重点排放单位完成履约，12 月 31 日 17 时前全部重点排放单位完成履约。

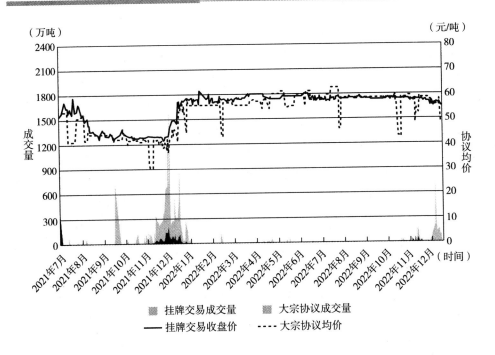

图 3-1　全国碳排放权交易市场的价格和成交量走势

资料来源：上海环境能源交易所。

电行业）》，标志着以发电行业为突破口的全国碳排放交易市场启动。随着 2020 年 9 月碳达峰、碳中和（即"双碳"）目标的提出，《中华人民共和国国民经济和社会发展第十四个五年规划和 2035 年远景目标纲要》《国务院关于加快建立健全绿色低碳循环发展经济体系的指导意见》《国务院关于落实〈政府工作报告〉重点工作分工的意见》《2030 年前碳达峰行动方案》等一系列战略规划的出台明确了中国近、中、远期的碳排量控排目标，强调了碳交易市场在实现"双碳"目标中的重要性。2021 年 10 月，中国政府向《联合国气候变化框架公约》秘书处提交的《中国本世纪中叶长期温室气体低排放发展战略》提到，中国将进一步扩大碳市场覆盖的行业范围和温室气体种类，积极参与国际碳市场合作。2021 年 12 月 21 日，生态环境部、发展改革委、工业和信息化部等九部委联合印发《气候投融资试点工作方案》，提出生态环境部、人民银行、银保监会和证监会将指导参与气候投融资试点的地方积极参与全国碳排放权交易市场建设，鼓励当地金融机构在风险可控的前提下研究并推动碳基金、碳资产质押贷款、碳保险等碳金融产品开发与对接，激发全国碳排放权交易市场交易活力并推动碳金融体系创新发展。2022 年 4 月 10 日，《中共中央　国务院关于加快建设全国统一大市场的意见》发布，意见提出培育发展全国统一的生态环境市场，依托公共资源交易平台建设全国统一的碳排放权交易市场。2022 年 4 月 22 日，国家发展改革委、国家统计局、生态环境部联合印发了《关于加快建立统一规范的碳排放统计核算体系实施方案》，提出了碳排放统一核算体系的规划与目标。2023 年 4 月 1 日，国家标准委、国家发展改革委等十一部门联合印发了《碳达峰碳中和标准体系建设指南》，提出了基础通用标准、碳减排标准、碳清除标准和市场化机制标准等标准体系（见表 3-2）。

表 3-2　2021 年后颁布的"碳市场"相关的国家战略规划

序号	政策名称	颁布日期	颁布机构	关于碳市场的主要内容
1	《中华人民共和国国民经济和社会发展第十四个五年规划和 2035 远景目标纲要》	2021 年 3 月 11 日	全国人大，全国政协	十四五期间，单位 GDP 二氧化碳排放降低 18%，落实 2030 年国家自主贡献目标、努力争取 2060 年碳中和、推进碳排放权市场化交易
2	《国务院关于加快建立健全绿色低碳循环发展经济体系的指导意见》	2021 年 2 月 22 日	国务院	到 2025 年，碳排放强度明显降低；培育绿色交易市场机制，进一步健全碳排放权交易机制，降低交易成本，提高运转效率
3	《国务院关于落实〈政府工作报告〉重点工作分工的意见》	2021 年 3 月 25 日	国务院	加快建设全国碳排放权交易市场，实施金融支持绿色低碳发展专项政策，设立碳减排支持工具
4	《2030 年前碳达峰行动方案》	2021 年 10 月 24 日	国务院	建立健全市场化机制，发挥全国碳排放权交易市场作用，进一步完善配套制度，逐步扩大交易行业范围。统筹推进碳排放权、用能权、电力交易等市场建设，加强市场机制间的衔接与协调，将碳排放权、用能权交易纳入公共资源交易平台
5	《中国本世纪中叶长期温室气体低排放发展战略》	2021 年 10 月 28 日	中国政府	加快建成和稳定运行法律制度完备、配额公平科学、控排积极可信、交易活跃有序、设施保障可靠的全国碳排放权交易市场，稳定扩大碳市场覆盖行业范围和温室气体种类，同步推进温室气体核证减排交易市场建设。积极参与国际碳市场相关合作

续表

序号	政策名称	颁布日期	颁布机构	关于碳市场的主要内容
6	《气候投融资试点工作方案》	2021年12月21日	生态环境部、国家发展改革委、工业和信息化部、住房和城乡建设部、人民银行、国务院国资委、国管局、银保监会、证监会	生态环境部、人民银行、银保监会和证监会将指导参与气候投融资试点的地方积极参与全国碳排放权交易市场建设,鼓励当地金融机构在风险可控的前提下研究并推动碳基金、碳资产质押贷款、碳保险等碳金融产品开发与对接
7	《关于加快建设全国统一大市场的意见》	2022年4月10日	中共中央、国务院	依托公共资源交易平台建设全国统一的碳排放权交易市场
8	《关于加快建立统一规范的碳排放统计核算体系实施方案》	2022年4月22日	国家发展改革委、国家统计局、生态环境部	提出了碳排放统一核算体系的规划与目标,到2025年,统一规范的碳排放统计核算体系进一步完善,碳排放统计基础更加扎实,核算方法更加科学,技术手段更加先进,数据质量全面提高,为碳达峰碳中和工作提供全面、科学、可靠数据支持
9	《碳达峰碳中和标准体系建设指南》	2023年4月1日	国家标准委、国家发展改革委、工业和信息化部、自然资源部、生态环境部、住房和城乡建设部、交通运输部、中国人民银行、中国气象局、国家能源局、国家林草局	提出了包含基础通用标准、碳减排标准、碳清除标准和市场化机制标准4个一级子体系、15个二级子体系和63个三级子体系,对如何进行碳核算核查、碳信息披露、化石能源清洁低碳利用、生产和服务过程减排、碳捕集利用与封存、碳排放交易等相关标准制定做出了说明

资料来源:根据有关部委发布的政策文件整理。

(二)统筹政策

2020年12月31日,生态环境部以部门规章形式发布《碳排放权交易管理办法(试行)》(以下简称《管理办法》),明确了各级生态环境主管部门的监管职责以及有关中国碳市场的各项定义,对重点排放单位纳入标准、配额总量设定与分配、交易主体、核查方式、报告与信息披露、配额清缴与罚则等方面进行了规定，是目前我国开展碳交易活动的主要制度依据[①]。在此基础上，生态环境部起草了立法层级更高的《碳排放权交易管理暂行条例（草案修改稿）》（以下简称《条例》）以进一步规范碳排放权交易活动。2024 年 1 月 5 日召开的国务院常务会议审议通过了《条例》（见表 3-3）。

表 3-3　正在实施的"碳市场"统筹政策

序号	政策名称	颁布日期	颁布机构	主要内容
1	《碳排放权交易管理办法（试行）》	2020 年 12 月 31 日	生态环境部	概述交易实施细则，明确了重点排放单位的纳入标准、配额分配、监测报告核查、配额清缴、交易，市场调节等内容
2	《碳排放权交易管理暂行条例（草案）》	暂未发布	暂未发布	以立法形式规范全国碳排放权交易及相关活动，对碳排放权交易市场的覆盖范围、重点排放单位的确定、配额的分配、碳排放数据质量的监管、配额的清缴以及交易运行等机制做出统一规定
3	《关于统筹和加强应对气候变化与生态环境保护相关工作的指导意见》	2021 年 1 月 11 日	生态环境部	加快全国碳排放权交易市场制度建设、系统建设和基础能力建设，以发电行业为突破口率先在全国上线交易，逐步扩大市场覆盖范围，推动区域碳排放权交易试点向全国碳排放权交易市场过渡，推动碳排放权交易管理条例出台与实施，推动将全国碳排放权交易市场重点排放单位数据报送、配额清缴履约等实施情况作为企业环境信息依法披露内容，有关违法违规信息记入企业环保信用信息

资料来源：根据有关部委发布的政策文件整理。

（三）操作规定

在排放报告与核查方面，2022 年 3 月 10 日，生态环境部发布《关于做好 2022 年企业温室气体排放报告管理相关重点工作的通知》，并以附件的形式更新《企业温室气体排放核算方法与报告指南　发电设施（2022 年修订版）》，明确了 2021 年度及 2022 年 1~3 月中国发电行业温室气体排放的计算方法与报告形式，对于石化、化工、建材、钢铁、有色、造纸、民航等行业重点企业，《通

[①]　蒋瑞雪，潘笃禾. 我国碳排放权交易相关政策梳理［EB/OL］.（2021-07-13）［2022-12-06］. https：//huanbao.bjx.com.cn/news/20210713/1163656.shtml.

知》要求根据相应行业企业温室气体排放核算方法与报告指南填报排放数据，排放数据最终由省级生态环境部门依据《企业温室气体排放报告核查指南（试行）》组织核查。2022 年 11 月，生态环境部发布《2021、2022 年度全国碳排放权交易配额总量设定与分配实施方案（发电行业）》（征求意见稿），就第二个履约期碳排放配额在中国发电行业的计算方法与标准进行意见征询。同年 12 月，生态环境部发布《企业温室气体排放核算方法与报告指南发电设施》和《企业温室气体排放核查技术指南发电设施》，旨在为 2023 年度及之后的全国碳排放权交易市场发电行业碳排放核算、报告与核查提供指导。两份指南结合第一个履约周期全国碳排放权交易市场实际运行情况，针对发电设施的工艺特点，进一步修订温室气体排放报告的技术规范，出台专门的核查技术指南，为后续扩大全国碳排放权交易市场行业覆盖范围夯实了数据基础。

在碳排放权交易方面，2021 年 5 月 17 日，生态环境部印发《碳排放权登记管理规则（试行）》《碳排放权交易管理规则（试行）》和《碳排放权结算管理规则（试行）》三份文件，进一步规范全国碳排放权登记、交易、结算活动，为碳市场实操提供原则性指导。此外，财政部于 2019 年出台的《碳排放权交易有关会计处理暂行规定》仍有效，该规定对企业碳排放配额的会计科目设置、账务处理、财务报表列示和披露等进行了规范。

2022 年 4 月 12 日，中国证监会发布首份碳金融领域国家行业标准《碳金融产品》，对金融机构开发碳金融产品提出规范性指引和框架性要求（见表 3-4）。

表 3-4　正在实施的"碳市场"相关的操作政策

序号	政策名称	颁布日期	颁布机构	主要内容
1	《关于做好 2022 年企业温室气体排放报告管理相关重点工作的通知》	2022 年 3 月 10 日	生态环境部	附件《企业温室气体排放核算方法与报告指南发电设施（2022 年修订版）》规定了发电设施的温室气体排放核算边界、方法、数据质量要求及相关的信息公开要求。此外，石化、化工、建材、钢铁、有色、造纸、航空等重点排放行业 2020 年和 2021 年任一年温室气体排放量达 2.6 万吨二氧化碳当量及以上的企业也需完成排放数据填报工作

续表

序号	政策名称	颁布日期	颁布机构	主要内容
2	《企业温室气体排放报告核查指南（试行）》	2021年3月26日	生态环境部	规定省级生态环境主管部门对重点排放单位温室气体排放报告的核查原则、依据、程序、要点、复核及信息公开等内容
3	《2021、2022年度全国碳排放权交易配额总量设定与分配实施方案（发电行业）》（征求意见稿）	2022年11月3日	生态环境部	明确碳排放配额在中国发电行业的计算方法与标准：2021年度、2022年度配额继续实行免费分配，采用基准法核算重点排放单位所拥有机组的配额量，基准值较2019~2020年出现较大幅度下降
4	关于发布《碳排放权登记管理规则（试行）》《碳排放权交易管理规则（试行）》和《碳排放权结算管理规则（试行）》的公告	2022年11月9日	生态环境部	结合第一个履约周期全国碳市场实际运行情况，对发电设施的温室气体排放核算报告技术规范进行修订，并专门编制针对发电设施的温室气体排放核查技术指南
5	关于发布《碳排放权登记管理规则（试行）》《碳排放权交易管理规则（试行）》和《碳排放权结算管理规则（试行）》的公告	2021年5月17日	生态环境部	明确全国碳交易市场相关机构职责、登记交易结算细则、监督和风险管理等方面内容
6	《碳排放权交易有关会计处理暂行规定》	2019年12月16日	财政部	规范了碳排放配额的会计科目设置、账务处理、财务报表列示和披露等相关会计处理
7	《碳金融产品》	2022年4月12日	证监会	规范了碳金融产品的术语、适用范围和不同碳金融产品的实施流程

资料来源：根据有关部委发布的政策文件整理。

第二节　全国碳排放权交易市场运行概况

一、全国碳排放权交易市场配额总量及分配

（一）覆盖范围

在全国碳排放权交易市场的第一阶段，覆盖的温室气体种类为二氧化碳，其

他温室气体也被包含在《企业温室气体排放核算方法与报告指南》的强制报告范围中；覆盖行业仅为电力行业；履约义务主体为企业。

根据生态环境部发布的《2019-2020 年全国碳排放权交易配额总量设定与分配实施方案（发电行业）》，纳入配额管理的重点排放单位名单是发电行业（含其他行业自备电厂）2013~2019 年任一年排放达到 2.6 万吨二氧化碳当量（综合能源消费量约 1 万吨标准煤）及以上的企业或者其他经济组织。

第一阶段仅纳入电力行业的原因在于：第一，发电行业的排放量很大。首批纳入全国碳排放配额管理的是发电行业，总计 2225 家发电企业和自备电厂，二氧化碳排放总量约为 40 亿吨/年。把发电行业作为首批启动行业能够充分地发挥碳市场控制温室气体排放的积极作用，同时起到减污降碳协同的作用。第二，发电行业管理制度相对健全，数据基础比较好；产品比较单一，容易核查，配额分配也比较简便易行。

（二）配额总量

根据生态环境部发布《2019-2020 年全国碳排放权交易配额总量设定与分配实施方案（发电行业）》，碳排放配额是指重点排放单位拥有的发电机组产生的二氧化碳排放限额，包括化石燃料消费产生的直接二氧化碳排放和净购入电力所产生的间接二氧化碳排放。

初期全国碳排放权交易市场总体上是一个基于强度的碳市场，本质上一个多行业的可交易绩效标准。根据《2019-2020 年全国碳排放权交易配额总量设定与分配实施方案（发电行业）》，全国碳排放权交易市场的总量设置方法为：省级生态环境主管部门根据本行政区域内重点排放单位 2019~2020 年的实际产出量以及本方案确定的配额分配方法及碳排放基准值，核定各重点排放单位的配额数量；将核定后的本行政区域内各重点排放单位配额数量进行加总，形成省级行政区域配额总量。将各省级行政区域配额总量加总，最终确定全国配额总量。

根据生态环境部公布的数据，全国碳排放权交易市场第一个履约周期年覆盖温室气体排放量约 45 亿吨二氧化碳，第二个履约周期为 50 亿吨二氧化碳，已然成为世界上覆盖温室气体排放量规模最大的碳市场。

（三）配额分配

配额的初始分配是指碳排放交易主管部门通过法定方式将排放配额分配给负有减排义务的主体。配额的初始分配涉及配额的取得方式、分配方法、早期减排者的公平待遇、新进企业或设备的公平竞争、政府对碳排放交易市场的宏观调控等问题，关乎温室气体减排义务主体的积极性以及碳排放交易市场的流动性，因而对碳排放权交易市场的有效运作至关重要。

1. 配额分配方式

根据《2019-2020 年全国碳排放权交易配额总量设定与分配实施方案（发电行业）》，全国碳排放权交易市场的总量设置方法为：对 2019~2020 年配额实行全部免费分配，并采用基准法核算重点排放单位所拥有机组的配额量。重点排放单位的配额量为其所拥有各类机组配额量的总和。计算公式为：

机组配额总量＝供电基准值×实际供电量×修正系数+供热基准值×实际供热量（见图 3-2）。

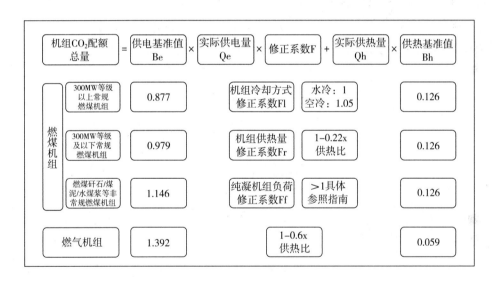

图 3-2　发电行业配额分配方法

2. 分配流程

根据《2019-2020 年全国碳排放权交易配额总量设定与分配实施方案（发电行业）》，配额发放的流程为：省级生态环境主管部门根据配额计算方法及预分配流程，按机组 2018 年度供电（热）量的 70%，通过全国碳排放权注册登记结算系统（以下简称注登系统）向本行政区域内的重点排放单位预分配 2019~2020年的配额。在完成 2019 年和 2020 年度碳排放数据核查后，按机组 2019 年和

2020年实际供电（热）量对配额进行最终核定。核定的最终配额量与预分配的配额量不一致的，以最终核定的配额量为准，通过注登系统实行多退少补。

二、全国碳排放权交易市场数据核查和配额清缴

（一）数据核查

1. MRV体系

MRV即监测（Monitoring）、报告（Reporting）与核查（Verification），涵盖了碳排放温室气体排放数据收集、整理、转移和质量评价环节，是碳市场建设运行的基础保障。完整的MRV政策体系应包括标准化的温室气体排放核算指南、温室气体排放报告系统和监测、报告与核查制度。根据各试点和全国碳排放权交易市场管理规章普遍要求，重点排放单位应制定碳排放监测计划、提交本单位碳排放报告，并委托第三方核查机构对碳排放报告进行核查。其主要涉及主体和流程环节如图3-3所示。

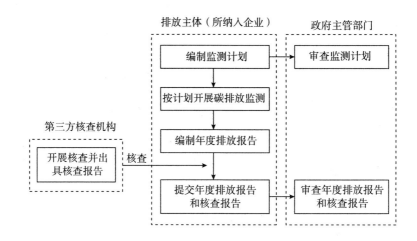

图3-3 MRV主要环节和流程

（1）监测与报告

根据试点和全国碳排放权交易市场的要求，重点排放单位应根据企业温室气体排放核算与报告指南，以及经备案的排放监测计划，每年编制其上一年度的温室气体排放报告。监测计划一般包括报告主体的基本信息、核算边界和报告范

围、活动数据和排放因子的确定方式、数据内部质量控制和质量保证相关规定等内容，用于规范重点排放单位的温室气体排放的监测和核算活动。换言之，监测计划的制订是为最终的碳排放量确定服务的。

实践中主流的碳排放量的确定方法有基于核算的方法和在线监测法两大类。其中，基于核算的方法并不直接测量 CO_2，而是通过核算企业或设施的活动来推算活动导致的 CO_2 排放，具体包括排放因子法和物料平衡法。而在线监测法基于连续监测系统（Continuous Emission Monitoring System，CEMS）对所排放烟气中的 CO_2 排放浓度和烟气流量的实时测量，进而得到实时的、连续的 CO_2 排放量。图 3-4 展示了主要监测方法的计算原理。

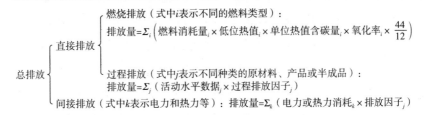

图 3-4　核算法和连续监测法原理

目前，全国碳排放权交易市场采用的基于核算方法中的排放因子法确定企业的碳排放量。

2013~2015 年国家发展改革委分三个批次发布了 24 个行业企业的温室气体排放核算方法与报告指南，制定了排放监测和报告指南（见表 3-5）。根据 2021 年 2 月发布《碳排放权交易管理办法（试行）》，生态环境部于 3 月印发《企业温室气体排放报告核查指南（试行）》，要求重点排放单位根据相关技术规范编制载明核算方法以来的数据信息的报告。综上所述，我国试点和全国碳排放权交易市场均依赖于排放因子法核算重点排放单位的温室气体排放量。

表3-5　全国碳排放权交易市场监测相关主要文件

地区	文件名称
全国	《关于加强企业温室气体排放报告管理相关工作的通知》
	发电，电网，钢铁生产，化工生产，电解铝生产，镁冶炼，平板玻璃生产，水泥生产，陶瓷生产，民航，石油和天然气生产，石油化工，独立焦化，煤炭生产，造纸和纸制品，其他有色金属冶炼及压延加工业，电子设备制造，机械设备制造，矿山，食品、烟草及酒饮料和精制茶，公共建筑运营，陆上交通运输，氟化工，工业其他行业等24个行业《温室气体排放核算方法与报告指南（试行）》[①]
	《企业温室气体排放报告核查指南（试行）》
	《企业温室气体排放核算方法与报告指南　发电设施（2021年修订版）》

连续监测在国外其他碳市场实践中已有探索性应用。美国RGGI体系要求所覆盖的10个州的电力设施必须采用连续监测的方法确定温室气体排放量；加州碳市场允许企业在连续监测方法和核算方法中自主进行选择，但满足一定规模和年运行小时数且已安装了烟气连续监测系统的水泥窑、玻璃熔窑、石灰窑、高炉等，则必须采用连续监测方法确定其碳排放量。对于固定燃烧设施，如果采用连续监测的方法，还需要同时报告其化石燃料消耗量。欧盟碳市场下，要求采用连续监测方法确定设施的氧化亚氮排放以及二氧化碳捕集、运输和封存过程的二氧化碳排放；对于航空排放要求使用核算方法；对于其余排放，企业可在两种方法中自由选择，但如采用连续监测方法，需将其结果与核算方法的结果进行对比。

同时我国也在积极探索在线监测法在碳市场数据监测中的应用。2019年1

---

① 国家发展和改革委员会办公厅. 国家发展改革委办公厅关于印发首批10个行业企业温室气体排放核算方法与报告指南（试行）的通知［EB/OL］. 中华人民共和国国家发展和改革委员会，［2013-10-15］. https：//www. ndrc. gov. cn/xxgk/zcfb/tz/201311/t20131101_963960. html？code＝&state＝123；国家发展和改革委员会办公厅. 国家发展改革委办公厅关于印发第二批4个行业企业温室气体排放核算方法与报告指南（试行）的通知［EB/OL］. 中华人民共和国国家发展和改革委员会，［2014-12-03］. https：//www. ndrc. gov. cn/xxgk/zcfb/tz/201502/t20150209_963759. html？code＝&state＝123；国家发展和改革委员会办公厅. 国家发展改革委办公厅关于印发第三批10个行业企业温室气体核算方法与报告指南（试行）的通知［EB/OL］. 中华人民共和国国家发展和改革委员会，［2015-07-06］. https：//www. ndrc. gov. cn/xxgk/zcfb/tz/201511/t20151111_963496. html？code＝&state＝123.

月，中电联发布的《发电企业碳排放权交易技术指南（征求意见稿）》列出了排放因子法和在线监测法两种监测方法供发电企业选择，其中在线监测法要求采用有关部门认可的烟气连续排放监测系统在线监测发电企业二氧化碳排放量，并提出了设备安装和计算方法的依据。一方面，我国主要高耗能行业企业已安装CEMS，发电、水泥、钢铁等行业重点设施的常规污染物在线监测方面已积累了部分经验，可以同时实现对温室气体排放的连续监测；另一方面，应对气候变化职能转隶后，碳排放控制与大气污染物排放控制的协同治理变得更加紧密，碳排放数据与污染物排放数据报送工作的统筹融合，为在线监测法的应用提供了有利条件。

但是连续监测方法在碳市场中的应用推广还面临着现实的障碍：①需要更广泛安装连续监测设施，且对设备使用者有较高的专业性要求，给运营商带来了较大的成本负担，且现有针对常规污染物的CEMS设备是否满足碳排放量计量的京都要求有待确认；②连续监测技术适用于以排放口相对集中的固定设施为主、直接排放占比高的行业；③国内刚刚启动使用连续监测方法确定企业碳排放的技术测试工作，运行数据积累不足以评价数据质量；④连续监测方法在碳市场中应用还缺乏配套的技术规范和质量控制标准等。因此，连续监测方法在碳市场中的应用需要更充足的前期准备工作，因时制宜、因行业实际制宜。

（2）核查机制

为提高碳排放数据报告的准确性和可靠性，采用第三方核查制度是国内外碳市场的普遍选择。根据全国碳排放权交易市场的相关规定，重点排放单位编制并提交给主管部门的年度排放报告，需要由政府委托或重点排放单位委托具有核查资质的第三方核查机构对排放报告进行核查，并出具核查报告，报送主管部门。核查得到的排放和活动水平数据将作为重点排放单位获得免费配额分配和配额清缴的依据，并为碳市场的后续完善提供支撑。

为保证核查工作的规范性、独立性和核查结果的公正性，除在碳市场基础性法律法规文本中规定核查工作的基本流程和原则外，全国碳排放权交易市场又陆续出台了专门针对核查的规章或规范性文件。表3-6总结了全国碳排放权交易市场涉及核查机制的规范性文件或工作通知，覆盖了核查技术规范和标准、核查工作程序规范、核查机构的资质管理以及核查结果的复查等。核查制度的基础性地位由全国碳排放权交易市场基本的《管理办法》确立，然后通过出台一系列的技术指南、流程规范或监督管理相关文件，指导核查工作的开展。

表3-6　全国碳排放权交易市场核查相关规则

地区	专题	文件名称
全国	技术规范 流程规范	《企业温室气体排放报告核查指南（试行）》
	技术规范	《企业温室气体排放核算方法与报告指南　发电设施》《企业温室气体排放核算方法与报告指南发电设施（2022年修订版）》《企业温室气体排放核算与报告指南　发电设施》和《企业温室气体排放核查技术指南　发电设施》
	技术规范	发电，电网，钢铁生产，化工生产，电解铝生产，镁冶炼，平板玻璃生产，水泥生产，陶瓷生产，民航，石油和天然气生产，石油化工，独立焦化，煤炭生产，造纸和纸制品，其他有色金属冶炼及压延加工业，电子设备制造，机械设备制造，矿山，食品、烟草及酒饮料和精制茶，公共建筑运营，陆上交通运输，氟化工，工业其他行业等24个行业《温室气体排放核算方法与报告指南（试行）》
	流程规范	《全国碳排放权交易第三方核查参考指南》
	资质管理	《北京市碳排放权交易核查机构管理办法》
	资质管理	《上海市碳排放核查第三方机构监管和考评细则》

（3）全国核查工作方式

全国碳排放权交易市场在历史数据盘查阶段主要采用的是地方负责的方式，由地方政府落实所需的工作经费，争取安排专项资金，同时借助对外合作资金支持能力建设等基础工作；各央企集团应为本集团内企业加强碳排放管理工作安排经费支持，支持开展能力建设、数据报送等相关工作[1]。目前全国碳排放权交易市场已完成第一个履约周期，非试点地区主要采用政府公开招标[2]、竞争性磋商采购等方式，委托第三方机构对重点排放单位进行本行政区内重点排放单位履约年度的温室气体排放核查[3]。

---

[1]　国家发展和改革委员会办公厅.国家发展改革委办公厅关于切实做好全国碳排放权交易市场启动重点工作的通知［EB/OL］.中华人民共和国国家发展和改革委员会，［2016-01-11］.https：//www.ndrc.gov.cn/xxgk/zcfb/tz/201601/t20160122_963576.html？code=&state=123.

[2]　张金秋，孙鲁军.全文实录｜山东发布全国碳排放权交易市场第一履约周期相关政策和工作情况［EB/OL］.山东省生态环境厅网，［2021-11-26］.http：//sthj.shandong.gov.cn/ztbd/xwfbh/202111/t20211126_3783087.html；碳市场建设专项——河北省重点排放单位碳排放报告第三方核查（1-5包）中标公告［EB/OL］.中国政府采购网，［2020-07-09］.http：//www.ccgp.gov.cn/cggg/dfgg/zbgg/202007/t20200709_14622413.htm.

[3]　宁夏回族自治区重点企业2020年度碳排放报告第三方核查、数据质量控制计划审核及第四方复核技术服务项目竞争性磋商采购结果公告［EB/OL］.宁夏回族自治区公共资源交易网，［2021-05-20］.http：//www.nxggzyjy.org/ningxiaweb/002/002002/002002003/20210520/2c9c002a795b19ae01798862173908b9.html.

2. 数据质量保证

（1）核查报告的复查和抽查

全国碳排放权交易市场也通过建立复查制度，以及通过核查机构自查和省级主管部门抽查等方式，严控核查的数据质量①，要求对报送数据进行全面自查，重点关注重点排放单位碳排放核算报告有关重要环节，核查技术服务机构的公正性、规范性、科学性。重点核实燃料关键实测参数在实测关键环节的规范性和监测报告的真实性，对于确认存在违规情况的咨询机构、检验检测机构，通过核实后向社会公开的方式进行监督。通过核查技术服务机构自查、省级主管部门抽查等方式，依据《企业温室气体排放核查指南（试行）》对核查技术服务机构内部管理情况、公正性管理措施、工作及时性和工作质量等进行评估，评估结果向社会公开。

（2）奖惩机制

为确保核查机制的落实、核查工作的顺利开展，试点和全国碳排放权交易市场首先在基础性法律法规中明确了核查机构的违法违规行为的法律责任，并在核查工作监督管理的规范性文件中将核查机构的责任和奖惩措施加以细化。表 3-7 总结了全国碳排放权交易市场对第三方核查机构的奖惩机制。

表 3-7　全国碳排放权交易市场对第三方核查机构的奖惩机制

地区	对核查机构/核查员奖惩措施	依据
全国	生态环境主管部门可对核查技术服务机构进行监督检查，监督检查的时间、内容、结果以及处罚决定记入环境信息管理平台并予以公布；生态环境部和省级生态环境主管部门应当记录重点排放单位、技术服务机构、注册登记结算机构、交易机构、其他机构和人员参与全国碳排放权交易及相关活动的信用情况，将监督管理情况及处罚决定记入环境信息管理平台并予以公布；对于严重违法失信的机构和人员，生态环境部建立"黑名单"，并依法予以曝光	《关于做好全国碳排放权交易市场数据质量监督管理相关工作的通知》

根据 2021 年 3 月生态环境部发布的《碳排放权交易管理暂行条例（草案修

① 生态、环境部办公厅关于做好全国碳排放权交易市场数据质量监督管理相关工作的通知 [EB/OL]. 中华人民共和国生态环境部网，[2021-10-25]. http：//www. mee. gov. cn/xxgk2018/xxgk/xxgk06/202110/t20211025_957707. html.

改稿）》，核查技术服务机构弄虚作假的，由省级生态环境主管部门解除委托关系，将相关信息计入其信用记录，同时纳入全国信用信息共享平台向社会公布；情节严重的，三年内禁止其从事温室气体排放核查技术服务。另外，包括核查机构及其工作人员违反该条例规定，拒绝、阻挠监督检查，或者在接受监督检查时弄虚作假的，由设区的市级以上生态环境主管部门或者其他负有监督管理职责的部门责令改正，处2万元以上20万元以下的罚款。

（二）配额清缴

1. 履约要求

我国试点和全国碳排放权交易市场的履约周期均为一年，根据相关规则的规定或当年的履约工作安排，重点排放单位应在规定的日期前提交与上年度实际排放量相等的（或不少于上年度实际排放量的）排放配额或抵销信用，并在登记系统中注销，完成履约义务。1吨抵销信用相当于1吨碳排放配额。全国碳排放权交易市场接受以国家核证自愿减排量（CCER）作为抵销信用，全国碳排放权交易市场对抵销信用使用比例的上限、项目地域范围、项目实施边界、项目类型、项目启动或减排量产生时间均有相关规定。表3-8展示了全国碳排放权交易市场关于抵销机制的要求。

表3-8　全国碳排放权交易市场关于抵消机制的要求

	最高可抵销比例	抵销机制相关文件
全国	抵销比例不得超过应清缴碳排放配额的5%	《碳排放权交易管理办法（试行）》；《全国碳市场第一个履约周期使用CCER抵消配额清缴程序》

2. 实际履约情况

全国碳排放权交易市场第一个履约周期（2019~2020年度）共纳入了2225家重点排放单位（履约时间节点减少为2162家），覆盖温室气体排放量约45亿吨二氧化碳[①]，截至2021年12月31日，共有1833家重点排放单位按时足额完

---

　　① 生态环境部. 全国碳市场第一个履约周期顺利结束［EB/OL］. 中华人民共和国中央人民政府网，［2022-01-04］. http：//www. gov. cn/xinwen/2022-01/04/content_5666276. htm.

成配额清缴，178家重点排放单位部分完成配额清缴，配额履约率达到99.5%①。所有重点排放单位均为发电企业或自备电厂。各省（区、市）被纳入的企业数量分布如图3-5所示。

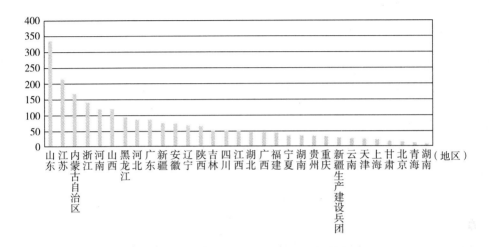

图3-5 各省（区、市）重点排放单位数量分布

资料来源：纳入2019~2020年全国碳排放权交易配额管理的重点排放单位名单［EB/OL］. 中华人民共和国生态环境部网，　［2020－12－29］. https：//www. mee. gov. cn/xxgk2018/xxgk/xxgk03/202012/W020201230736907682380. pdf.

全国碳排放权交易市场第一个履约周期在发电行业重点排放单位间开展碳配额现货交易，共有847家重点排放单位存在配额缺口，缺口总量约为1.88亿吨，第一个履约周期累计使用国家核证自愿减排量（CCER）约3273万吨用于配额抵销。

全国碳排放权交易市场第一个履约周期结束后，按照生态环境部要求，各省级主管部门应当抓紧时间完成本行政区域未按时足额清缴配额的重点排放单位的限期改正和处理工作，并组织做好信息公开相关工作②。根据多地生态环境部门

① 陈雪婉. 2021年全国碳市场履约率99.5%［EB/OL］. 财新网，［2022－01－01］. https：//www. caixin. com/2022-01-01/101825105. html.

② 生态环境部办公厅. 关于做好全国碳市场第一个履约周期后续相关工作的通知［EB/OL］. 中华人民共和国生态环境部网，［2022－02－17］. https：//mee. gov. cn/xxgk2018/xxgk/xxgk06/202202/t20220217_969302. html.

消息，多数重点排放企业按时完成配额清缴履约，但也有一些企业未按时足额清缴碳排放配额。其中，宁夏 6 家①；山西 8 家②；内蒙古 17 家③；江西 1 家④，山东省 8 家⑤等。各省市履约完成情况如图 3-6 所示。

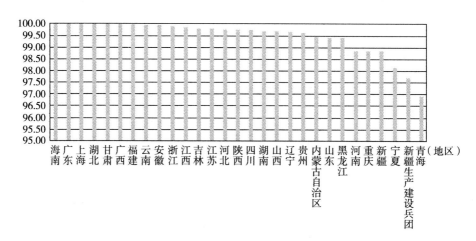

图 3-6　第一个履约周期各地配额清缴完成情况

资料来源：全国碳排放权交易市场第一个履约周期报告［EB/OL］. 中华人民共和国生态环境部网，［2023-01-01］. https：//www. mee. gov. cn/xxgk2018/xxgk/xxgk03/202012/W020201230736907682380. pdf.

　　总体上看，第一个履约周期的交易主体以完成履约为主要目的，成交量基本能够满足重点排放单位履约需求，交易价格未出现大幅波动，符合全国碳排放权

---

①　张龙. 宁夏回族自治区关于全国碳市场第一个履约周期重点排放单位碳排放配额清缴完成和处理情况的公示［EB/OL］. 宁夏回族自治区生态环境厅网，［2022-04-25］. https：//sthjt. nx. cn/xwzx/gs-gg/202204/t20220426_3824903. html.

②　山西省生态环境厅. 山西省生态环境厅关于全国碳市场第一个履约周期重点排放单位碳排放配额清缴完成和处理情况的公示［EB/OL］. 山西省人民政府网，［2022-04-25］. http：//www. shanxi. gov. cn/zfxxgk/zfxxgkzl/fdzdgknr/zdlygk/sthj/202209/t20220903_7057793. shtml.

③　内蒙古自治区生态环境厅. 内蒙古自治区生态环境厅关于内蒙古自治区全国碳市场第一个履约周期重点排放单位碳排放配额清缴完成和处理情况的公示［EB/OL］. 内蒙古自治区生态环境厅网，［2022-04-28］. https：//sthjt. nmg. gov. cn/sthjdt/tzgg/202204/t20220428_2047748. html.

④　江西省生态环境厅. 江西省全国碳市场第一个履约周期重点排放单位碳排放配额清缴完成和处理情况［EB/OL］. 江西省生态环境厅，［2022-04-29］. http：//sthjt. jiangxi. gov. cn/art/2022/4/29/art_42164_3943001. html.

⑤　山东省生态环境厅. 关于山东省纳入全国碳市场第一个履约周期重点排放单位碳排放配额清缴完成和处罚情况的公示［EB/OL］. 山东省生态环境厅，［2022-04-19］. http：//sthj. shandong. gov. cn/ydqhb-hc/gzxx_17610/202204/t20220419_3903336. html.

交易市场作为控制温室气体排放政策工具的定位和建设初期的阶段性特征。

2023 年 3 月，生态环境部发布了《关于做好 2021、2022 年度全国碳排放权交易配额分配相关工作的通知》，全国碳排放权交易市场第二个履约周期正式开始。第二个履约周期（2021~2022 年度）共纳入发电行业重点排放单位 2257 家，年覆盖二氧化碳排放量超过 50 亿吨。2021 年度、2022 年度配额已于 2023 年 8 月完成发放，预计 2023 年底全部重点排放单位完成履约。重点排放单位持有的 2019~2020 年度配额、2021 年度配额和 2022 年度配额均可用于 2021 年度、2022 年度清缴履约，也可用于交易。CCER 抵销比例仍为不超过对应年度应清缴配额量的 5%，对第一个履约周期出于履约目的已注销但实际未用于抵销清缴的 CCER，可用于抵销 2021 年度、2022 年度配额清缴。

为鼓励企业自主减排，完善碳市场建设，2023 年下半年以来全国 CCER 市场的各项准备工作加速推进。2023 年 10 月 19 日，生态环境部和市场监管总局正式公布《温室气体自愿减排交易管理办法（试行）》，明确组织建立统一的全国温室气体自愿减排交易机构和交易系统，提供核证自愿减排量（CCER）的集中统一交易与结算。此后，生态环境部又于 10 月 24 日发布包括造林碳汇、并网光热发电、并网海上风力发电、红树林营造等 4 项温室气体自愿减排项目方法学，作为自愿减排项目审定、实施与减排量核算、核查的依据。2023 年 11 月 16 日，国家气候战略中心和北京绿色交易所正式发布了《温室气体自愿减排项目设计与实施指南》《温室气体自愿减排注册登记规则（试行）》和《温室气体自愿减排交易和结算规则（试行）》。2023 年 12 月 27 日，为规范温室气体自愿减排项目审定与减排量核查活动，市场监管总局发布了《温室气体自愿减排项目审定与减排量核查实施规则》。

2024 年 1 月 22 日，全国温室气体自愿减排交易（CCER）市场启动仪式在北京举行。CCER 与全国碳排放权交易市场共同构成了我国的国家碳排放交易体系。

3. 配额清缴的影响因素

配额清缴的影响因素可以分为以下三个方面：机制设计、市场和企业自身。

（1）机制设计因素

配额紧缺程度直接决定了企业的履约压力，碳市场是政策创立的市场，配额分配的松紧是配额清缴是否能够顺利完成的先决条件。履约机制的严格程度是配额清缴的最后保障。通过颁布地方法规或政府规章的方式形成对碳市场履约的强制力，借助相关的惩罚措施来约束重点排放单位完成履约，且法律层级越高，履约的强制力越强。存储规则会影响配额盈余的企业参与市场交易的意愿，进而通过市场供需平衡影响配额短缺企业的履约。

（2）市场因素

市场供需关系是影响流动性和企业配额清缴的重要一环。从试点经验来看，偏紧的配额分配方式使更多企业不得不寻求二级市场上的配额来完成自身履约，但整体刚性需求较大、供小于求，面临配额缺口的企业无法从市场获取满足清缴需求的配额，影响顺利履约。另外，即使存在配额盈余的企业，但这些企业并不进入市场交易，同样会造成二级市场供小于求，无法满足配额短缺企业的购买需求。

配额价格一方面是市场供需关系的结果，另一方面也直接影响了企业的履约。市场价格决定了配额短缺企业从市场上购买配额的成本，进而决定了企业履约成本，在承担履约成本和接受定向拍卖成本的权衡之下，可能会影响企业顺利完成配额清缴。

（3）企业自身因素

除了以上客观因素之外，企业自身也是影响配额清缴的重要因素，包括企业履约成本和企业自主决策。企业生产经营水平决定了企业的减排成本和履约成本，从而影响配额清缴。企业对碳资产管理的重视程度则通过影响企业的配额交易行为和生产计划安排，进而影响最终配额清缴是否顺利完成。部分企业已经逐渐形成了自身碳资产管理策略，如在全国碳排放权交易市场第一个履约期国电电力碳排放配额总体盈余，但考虑到国家将逐年收紧碳排放配额发放量，未来碳价走势尚不明朗，公司将持有剩余配额以备后需①。

企业最终的配额清缴在核查报告提交和排放量确认之后进行，因此与当年的核查工作进度安排有关。企业倾向于在履约前依据自身配额情况，参与二级市场交易。从市场交易的年度波动趋势和履约前的定向拍卖对象来看，企业多数在主管部门规定的时限前完成履约。

---

① 全国碳市场首个履约期临近 CCER 市场交易活跃［EB/OL］. 证券时报，［2021－12－02］. https：//baijiahao. baidu. com/s？id＝1716571383395141598&wfr＝spider&for＝pc.

第三节　全国碳排放权交易市场交易情况

一、全国碳排放权交易市场交易规则

全国碳排放权交易市场的交易情况受多方面因素的共同影响，市场参与者是构成碳排放权市场交易的主体，交易产品是碳排放权市场交易的基础，交易量是衡量市场效率的重要指标。

（一）参与主体

从全国控排主体来看，电力、钢铁、化工、非金属矿物制品、石油加工、有色金属、造纸、民航等行业在全国碳排放量中占有较高的比重。在不额外增加其他节能减排政策的基准情景（BAU）与全国碳排放权交易市场政策情景两个模型情景下，纳入行业排放量及所占比重预测结果显示：2015 年，上述重点行业合计占全国二氧化碳排放总量的 70% 左右，而随着我国工业化的逐步完成，这些以高耗能工业为代表的重点行业在 2020 年的比重下降至 68% 左右，2030 年下降至62% 左右。以轻工业和服务业为代表的其他行业合计占全国二氧化碳排放总量的比重在 2030 年后会有明显上升。因此，全国碳排放权市场覆盖的行业范围是一个动态扩大的过程，即初期聚焦于排放规模较大的重点耗能行业，之后可以根据数据基础和其他技术要素进一步考虑是否纳入其他行业。

根据全国碳排放权市场框架设计中国家与省级分级监管的需求，生态环境部负责制定全国碳排放权交易及相关活动的技术规范，加强对地方碳排放配额分配、温室气体排放报告与核查的监督管理，并会同国务院其他有关部门对全国碳排放权交易及相关活动进行监督管理和指导；省级生态环境主管部门负责在本行政区域内组织开展碳排放配额分配和清缴、温室气体排放报告的核查等相关活动，并进行监督管理；设区的市级生态环境主管部门负责配合省级生态环境主管部门落实相关具体工作，并根据有关规定实施监督管理。根据碳排放权市场本身的特点，交易是碳排放权市场体系中的一个重要部分，且包括交易与登记两个环节。国务院碳交易主管部门负责确定碳排放权交易机构并对其业务实施监督，具体交易规则由交易机构负责制定，并报国务院碳交易主管部门备案。此外，考虑到在各省市开展碳排放权交易服务及市场拓展的需要，以及发挥试点市场"先行先试"作用的需要，原试点省市碳交易机构继续保留，并以此为基础，发展各区域交易服务机构。

（二）交易方式

全国碳排放权交易市场的碳排放配额交易应当通过交易系统进行，可以采取协议转让、单向竞价或者其他符合规定的方式，协议转让包括挂牌协议交易和大宗协议交易。其中，挂牌协议交易是指交易主体通过交易系统提交卖出或者买入挂牌申报，意向受让方或者出让方对挂牌申报进行协商并确认成交的交易方式。大宗协议交易是指交易双方通过交易系统进行报价、询价并确认成交的交易方式。单向竞价是指交易主体向交易机构提出卖出或买入申请，交易机构发布竞价公告，多个意向受让方或者出让方按照规定报价，在约定时间内通过交易系统成交的交易方式。

挂牌协议交易单笔买卖最大申报数量应当小于 10 万吨二氧化碳当量。挂牌协议交易的成交价格在上一个交易日收盘价的±10%之间确定。大宗协议交易单笔买卖最小申报数量应当不小于 10 万吨二氧化碳当量。大宗协议交易的成交价格在上一个交易日收盘价的±30%之间确定。

交易时段与 A 股市场一致。除法定节假日及交易机构公告的休市日外，采取挂牌协议方式的交易时段为每周一至周五上午 9：30～11：30、下午 13：00～15：00，采取大宗协议方式的交易时段为每周一至周五下午 13：00～15：00。采取单向竞价方式的交易时段由交易机构另行公告。

每个交易主体只能开设一个交易账户，可以根据业务需要申请多个操作员和相应的账户操作权限。交易主体应当保证交易账户开户资料的真实、完整、准确和有效。

（三）价格调节机制

碳价是评价碳排放权市场有效性的重要指标之一。碳排放权交易市场的交易价格由市场的供给和需求确定，而供求关系受到政策调控、法律法规、宏观经济、国内外能源价格、碳排放权交易市场政策设计等诸多因素的影响，因此碳价形成机制复杂。碳排放权交易市场中的市场调节机制是指政府为了使碳价水平长期稳定在合理的范围内而采取的调节措施。

理论上可使用的市场调节触发条件包括剩余配额量、价格水平、价格趋势、宏观经济指标和生产指标等。实际上，出于调控的精确性、数据的可获得性等考虑，最常被使用的触发条件是碳价水平和剩余配额量。调节方式可分为：政府公开市场操作；调整履约要求等。政府公开市场操作是指达到市场调节的触发条件后，政府从预留的市场调节用配额池中拿出部分配额投放到市场中以降低碳价，或者政府通过回购方式从市场收回部分配额以提高碳价。根据《碳排放权交易管理规则（试行）》相关规定，生态环境部可以根据维护全国碳排放权交易市场健康发展的需要，建立市场调节保护机制。当交易价格出现异常波动触发调节保护机制时，生态环境部可以采取公开市场操作、调节国家核证自愿减排量使用方式等措施，进行必要的市场调节。

二、全国碳排放权交易市场交易现状

（一）交易量

全国碳排放权交易市场是实现碳达峰与碳中和目标的核心政策工具之一。2021年7月16日，全国碳排放权交易市场开市，启动仪式于北京、上海、武汉三地同时举办。发电行业成为首个纳入全国碳市场的行业，纳入重点排放单位超过2000家，我国碳排放权交易市场成为全球覆盖温室气体排放量规模最大的碳市场。

根据《碳排放权交易管理办法（试行）》，全国碳排放权交易市场第一个履约周期从2021年1月1日到12月31日，全国碳排放权交易市场共纳入发电行业重点排放单位2162家，年覆盖约45亿吨二氧化碳排放量。在2021年7月16日即首个交易日，全国碳排放权交易市场配额交易量达410万吨，总成交额超过2.1亿元。运行初期，全国碳排放权交易市场交易量较低，但从2021年10月开始，日交易量出现了上升趋势，随着全国碳排放权交易市场第一个履约周期截止日期的临近，重点排放单位参与交易的意愿上涨，交易活跃度逐步上升（见图3-7）。截至2021年11月10日，全国碳排放权交易市场共运行77个交易日，配额累计成交量达到2344.04万吨，累计成交额突破10亿元，达到10.44亿元①。

---

① 全国碳排放权交易市场配额累计成交额突破10亿元［EB/OL］. 中华人民共和国中央人民政府网，［2021-11-12］. https：//www. gov. cn/xinwen/2021-11/12/content_5650448. htm.

2021 年 12 月 15 日上午，全国碳排放权交易市场在第 102 个交易日成交量突破 1 亿吨大关，截至当日交易结束，累计成交量 1.07 亿吨，成交额 44.26 亿元。12 月 14 日，市场单日成交量破千万元，达 1488.08 万吨，创开市以来新高①。截至 2021 年 12 月 31 日，全国碳排放权交易市场第一个履约周期顺利结束，碳排放配额累计成交量 1.79 亿吨，累计成交额 76.61 亿元②。

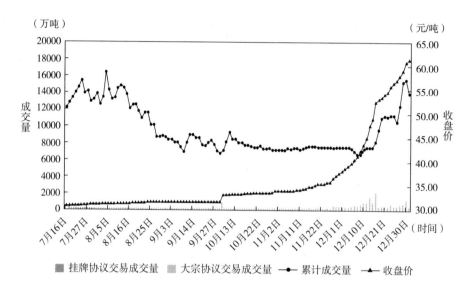

图 3-7　全国碳排放权交易市场第一个履约周期交易情况

资料来源：生态环境部。

2022 年以来，全国碳排放权交易市场交易活跃度下降，成交量相对低迷，2022 年全国碳排放权交易市场配额成交总量 5089 万吨，月均成交量约 424.08 万吨，每日收盘价大多集中在 56~62 元/吨。2022 年 11 月 24 日，全国碳排放权交易市场在第 330 个交易日累计成交量突破 2 亿吨大关（见图 3-8），成交额达 88.36 亿元。

---

① 突破 100000000 吨大关！［EB/OL］．［2021-12-17］．https：//baijiahao. baidu. com/s？ id = 17193 49628733789811&wfr = spider&for = pc.

② 曹红艳. 全国生态环境分区管控体系基本建立［EB/OL］．新华网，［2021-12-24］．http：// www. news. cn/energy/20211224/7d810eac916e4b9483956c7e3bfefa79/c. html.

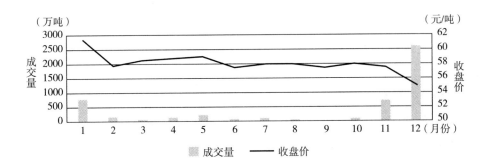

图 3-8 2022 年全国碳排放权交易市场月度交易情况

资料来源：上海环境能源交易所。

就交易方式来看，全国碳排放权交易市场挂牌协议交易和大宗协议交易并行，其中 10 万吨以下以挂牌协议交易的方式成交，10 万吨（含）以上以大宗协议交易的方式成交。大宗协议交易是目前的主要交易方式。图 3-9 展示了 2021年 7 月至 2022 年 12 月全国碳排放权交易市场挂牌协议交易和大宗协议交易的月度交易量和交易均价。2021 年 7 月至 2022 年 12 月，全国碳排放权交易市场挂牌协议交易成交量 0.37 亿吨，占碳排放权交易市场配额总成交量的 16.1%，总交易额 18.09 亿元；大宗协议交易成交量 1.93 亿吨，占碳排放权交易市场配额总成交量的 83.9%，总交易额 86.66 亿元。对比全国碳排放权交易市场大宗协议与挂牌协议交易的月均价格，挂牌协议交易的价格整体上高于大宗协议交易的价格且更稳定，但并未高出太多。

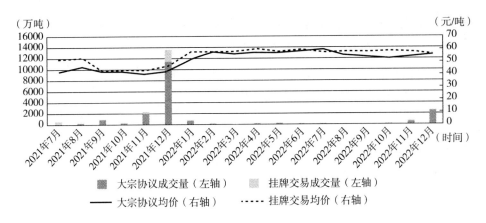

图 3-9 2021 年 7 月至 2022 年 12 月全国碳排放权交易市场交易方式分布情况

资料来源：上海环境能源交易所。

总体来看，全国碳排放权交易市场作为控制和减少温室气体排放，促进企业减排温室气体和加快绿色低碳转型，推动实现碳达峰、碳中和重要政策工具的作用得以初步实现。

（二）交易主体特征

全国碳排放权交易市场自 2021 年 7 月正式上线，参与主体还仅限于控排企业。各试点交易主体除控排主体外，还包括投资机构和个人，多元化的趋势明显。

1. 交易主体类型

当前全国碳排放权交易市场参与主体限于控排企业，专业碳资产公司、金融机构、个人投资者暂时还没有入场。

电力交易与碳交易存在着复杂的依存关系。电力市场和碳市场同作为能源资源配置的有效手段，其目的都是促进我国能源以较低的成本实现清洁低碳转型，二者具有强一致性关系且通过互相作用彼此影响。对电力行业而言，火力发电必然伴随着碳排放，需要统筹考虑碳排放约束与电力需求约束。同时低碳发展需要更高比例的可再生能源，进而产生可再生能源的消纳和定价问题，进一步影响碳市场和电力市场的交易机制。

目前全国碳排放权交易市场结构较为单一，行业有望再扩容。初期以电力行业（纯发电和热电联产）为突破口，到"十四五"末将有望把石化、化工、建材、钢铁、有色、造纸、电力和民航八大高排放行业全部纳入，参与全国碳排放权交易市场交易的企业不再纳入地方碳市场试点中，不可参与地方碳市场交易。生态环境部表示，在发电行业碳排放权交易市场运行良好的基础上，全国碳排放权交易市场将扩大行业覆盖范围，逐步纳入更多的高排放行业；逐步丰富交易品种、交易方式和交易主体，提升市场活跃度。

2. 交易主体数量

发电行业成为首个纳入全国碳排放权交易市场的行业，纳入重点排放单位超过 2000 家。首个履约期，全国碳排放权交易市场纳入的电力行业企业数量为2162 家[1]。关于市场覆盖范围，此前多方对于全国碳排放权交易市场扩容普遍持

---

[1] 全国碳市场运行一周年：更多行业有待纳入，碳金融创新蓄势待发 [EB/OL]. 生态中国网，[2022-07-15] . http：//www.eco.gov.cn/news_info/56966.html.

乐观预期，认为 2022 年会新纳入 2~3 个行业，但截至 2023 年底，全国碳排放权交易市场仍仅纳入电力行业，到"十四五"末有望将 8 个重点行业全部纳入碳市场体系。

3. 不同行业控排主体的交易占比

2021 年 7 月 16 日，全国碳排放权交易市场开市，发电行业成为首个被纳入的行业，未来建材、钢铁等行业的控排主体将会被陆续纳入。

（三）碳价波动分析

我国全国碳排放权交易市场的价格走势总体来说稳中有小幅上升，价格波动并不明显。截至 2021 年 12 月 31 日，全国碳排放权交易市场累计运行 114 个交易日，碳排放配额累计成交量 1.79 亿吨，累计成交额 76.61 亿元，114 个交易日内挂牌协议成交均价约 47 元/吨，其中最高成交价 62.29 元/吨、最低成交价 38.50 元/吨，大宗协议的成交均价约 42 元/吨。

2022 年 11 月 3 日，生态环境部发布《2021、2022 年度全国碳排放权交易配额总量设定与分配实施方案（发电行业）》，全国碳排放权交易市场第二个履约周期为两年，控排企业 2022 年底无须履约。这也导致 2022 年全年度全国碳市场的交易活跃度下降，成交量较为低迷，截至 12 月 4 日，2022 年累计大宗协议成交量约 2000 万吨，挂牌交易成交量仅 550 万吨。相比于第一个履约期，配额价格有小幅上升，其中大宗协议均价在 57~62 元/吨的区间内波动，挂牌交易的价格长期稳定在 58~60 元/吨的范围内。

本书采用各交易所日成交均价的对数之差来表示各交易市场的在监测日 i 的收益率，如式（3-1）所示。在估计日均波动率时，本书采用的方法是令其等于日收益率的标准差，利用 u_i 最近 m 天的观察数据和标准差的一般公式，得出式（3-2）和式（3-3）。

$$u_i = \ln \frac{S_i}{S_{i-1}} \tag{3-1}$$

$$\sigma_n^2 = \frac{1}{m-1} \sum_{i=1}^{m} (u_{n-i} - \bar{u})^2 \tag{3-2}$$

$$\bar{u} = \frac{1}{m} \sum_{i=1}^{m} u_{n-i} \tag{3-3}$$

根据式（3-2）的计算结果，得到全国碳排放权交易市场的日波动率走势如

图 3-10 所示。根据式（3-1）和式（3-3），可以得到全国碳排放权交易市场的日均收益率。

假设每日的回报率是相互独立的，且具有同样的方差，则 T 天的回报率的方差为 T 乘以每日回报率的方差的积，取月交易日为 21 天，年交易日为 252 天，则月收益率（即月波动率）和年收益率（即年波动率）的计算如式（3-4）和式（3-5）所示。

$$\sigma_{month} = \sigma_{day} \sqrt{21} \tag{3-4}$$

$$\sigma_{year} = \sigma_{day} \sqrt{252} \tag{3-5}$$

由上式可得，全国碳排放权交易市场中挂牌协议价格的日波动率分布的峰度为 6.748，偏度为 0.739。峰度较高的原因在于全国碳排放权交易市场在多数交易日交易量很低且无价格波动，少数交易日的价格波动剧烈，因此挂牌协议价格呈现出尖峰很高的非正态分布特点（见图 3-10）。计算得到全国碳排放权交易市场挂牌协议价格的日均波动率为 0.018，月均波动率为 0.085，年均波动率为 0.295。可以看出，全国碳排放权交易市场的价格波动整体偏小，这主要是由于其运行时间尚短且市场交易主体均为控排企业，市场流动性不足、价格波动并不显著，政策、天气、能源市场等多方面因素的影响尚未显现。

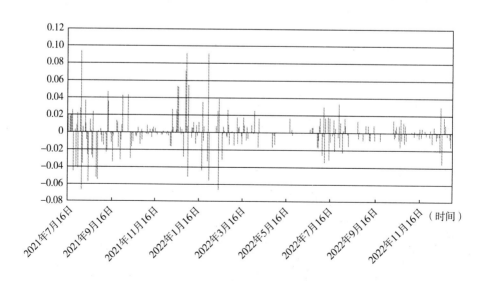

图 3-10　全国碳排放权交易市场挂牌协议的日波动率走势

资料来源：上海环境能源交易所。

全国碳排放权交易市场中大宗协议价格的日波动率分布如图3-11所示，由于大宗协议具有成交量高、成交日分布不均匀等特点，其峰度高达12.74，偏度为-0.018，呈现出更显著的非正态分布特征。计算得到全国碳排放权交易市场大宗协议价格的日均波动率为0.060，月均波动率为0.273，年均波动率为0.947。与挂牌交易价格相比，大宗协议价格的波动性更为明显。

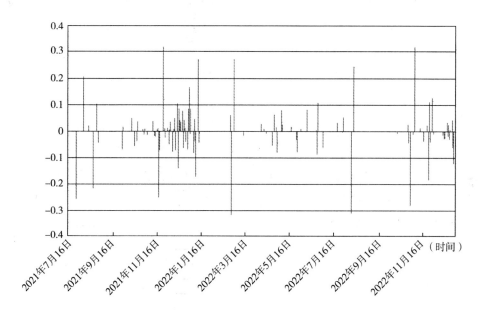

图3-11　全国碳排放权交易市场大宗协议的日波动率走势

资料来源：上海环境能源交易所。

第四节　本章小结

本章介绍了全国碳排放权交易市场的碳排放权交易体系的发展情况，以及数据核查和配额清缴这两个碳市场履约的关键环节。并从我国全国碳排放权交易市场的交易量和价格水平，交易主体、产品、方式及其相应的特征，以及碳排放权交易市场价格走势等角度，对我国碳排放权交易市场的交易情况进行了梳理分析。

　　配额清缴包括履约机制和抵销机制两部分内容。从全国碳排放权交易市场履约的实际情况来看，目前的配额分配方法相对宽松，企业的履约难度不大，同时抵销信用发挥作用有限。

　　我国全国碳排放权交易市场于 2021 年 7 月 16 日正式启动交易。虽然目前仅将发电行业纳入，但已成为全球覆盖温室气体排放量规模最大的碳市场，"十四五"时期有望纳入八大高耗能行业。截至 2021 年 12 月 31 日，全国碳排放权交易市场第一个履约周期顺利结束，碳排放配额累计成交量 1.79 亿吨，累计成交额 76.61 亿元。截至 2023 年 12 月 31 日，全国碳排放权交易市场碳排放配额累计成交 4.42 亿吨，累计成交额近 250 亿元。在交易方式上，全国碳排放权交易市场挂牌协议交易和大宗协议交易并行，以大宗协议交易为主，占碳市场配额总成交量的 82.4%。交易价格方面，全国碳市场日成交均价基本稳定在 40~80 元/吨的水平，临近履约期时随着交易量的大幅增加，碳价也多呈现上涨趋势。全国碳排放权交易市场的基础交易产品为碳排放配额现货，并允许使用不超过 5% 的 CCER 抵销碳排放配额的清缴。

第四章　国际碳排放交易体系篇

第一节　欧盟碳排放交易体系

根据《欧盟 2003 年 87 号指令》，欧盟碳排放交易体系（EU ETS）于 2005 年初开始运行，是目前全球发展最完善也最为成熟的碳市场。欧盟碳排放交易体系采用总量交易模式（Cap-and-Trade），各成员国根据欧盟委员会颁布的规则，为本国设置排放上限，并确定纳入企业的范围，向纳入企业分配一定数量的排放许可权（EUA）。如果企业实际排放量少于规定上限，则可将剩余部分在碳市场出售，反之则需要在碳市场购买排放权。

EU-ETS 设立之初的主要目的是帮助实现欧盟 2020 年相对 1990 年减排 20%、2030 年相对 1990 年减排至少 40% 的目标。截至 2021 年底，2020 年的目标已成功实现，其中碳市场覆盖范围内的固定源（即除航空以外）排放量较 2005 年下降了 43%，欧盟整体的温室气体排放较 1990 年降低了 31%（包含英国则为 32.5%）。随着《欧洲绿色新政》（*European Green Deal*）以及 "fit for 55" 一揽子计划的提出，全欧盟至 2030 年的减排目标被提振至较 1990 年下降了 55%，EU-ETS 覆盖范围内排放源的减排目标也被提升至较 2005 年下降了 62%。

一、机制建设

（一）法制基础

2000 年欧盟碳市场开始征集公众意见，此后欧盟委员会在 2001 年提交了碳市场立法动议。随着 2003 年《欧盟 2003 年 87 号指令》的相关立法程序经由欧盟理事会和欧洲议会批准通过并实施，EU-ETS 得以建立并在 2005 年正式启动运行。随后，经过一系列补充修正案的完善和四个阶段的机制迭代，欧盟碳市场逐渐发展成为目前全球范围内历史悠久、机制成熟、交易活跃的碳市场。

（二）运行模式

EU-ETS 的运行主要涉及三类经济主体：一是以控排企业、金融投资公司、碳信用开发商等为主的市场交易参与者，其中控排企业既需要配合完成相关的排放监测与报告并参与配额拍卖，同时还需要通过市场交易确保有足够的配额用于履约；二是交易所、排放核查机构和核算咨询机构等第三方服务机构，其中核查核算机构需要帮助控排企业编制排放报告并进行核查，交易所则提供配额在二级市场流动的集中平台；三是欧盟委员会以及各成员国的碳市场主管单位，主要负责碳市场的机制建设和运行监管。碳市场机制设计中需要明确各个相关参与方的职责。在一个完整的履约周期内，监测启动、配额发放、报告核查、配额清缴都有固定的时点，而配额的二级市场交易则贯穿始终，可以在任何时点进行。

EU-ETS 的控排企业涉及多个排放部门，包括电力、钢铁、水泥、化工、造纸、有色、石化、CCUS 等行业的 9628 个固定排放源装置，以及 349 家航空公司。碳市场覆盖的温室气体包括二氧化碳、氧化亚氮以及氢氟碳化物，总计排放约为 15.97 亿吨二氧化碳当量每年，占 2021 年欧盟年度排放总量的 39% 左右。9628 个固定排放源装置中大部分为小规模排放源，其中 6990 个排放源的年度排放量低于 5 万吨，691 个排放源的年度排放量大于 50 万吨，其余 1944 个装置的排放量介于 5 万吨至 50 万吨之间。德国作为欧盟经济领头羊和工业火车头，其固定排放源设施数量也遥遥领先，总计为 1817 个（见图 4-1）。

（三）阶段迭代

总体而言，EU ETS 的发展主要经历四个阶段（见表 4-1），分别为 2005～2007 年的第一阶段、2008～2012 年的第二阶段、2013～2020 年的第三阶段和 2021～2030 年的第四阶段。阶段与阶段之间主要的机制设计迭代分为三个方面：一是排放覆盖范围（即配额需求）的扩大，包括覆盖的国家、覆盖的行业、覆盖的温室气体等都在逐步增加；二是配额供给的压缩，具体手段包括配额总量递减速率的加快、有偿分配比例的提高、基准线法标准的从严、碳信用抵销限制的加强、未履约处罚金额的增加等；三是市场供需匹配机制的完善，建立更弹性的配额供给制度如 MSR 等，以降低实体经济冲击对配额需求造成巨大扰动后的价格波动。

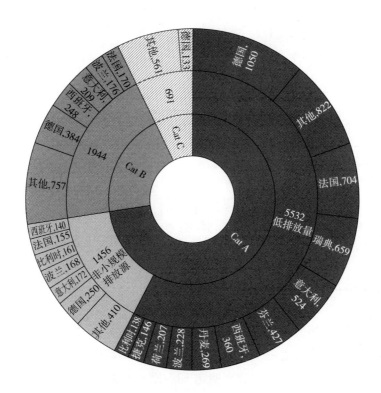

图 4-1 欧盟碳市场固定排放源装置的排放量分布情况

资料来源：EC Report on the Functioning of EU-ETS, 2021。

表 4-1 欧盟碳市场的四个阶段

阶段	第一阶段	第二阶段	第三阶段	第四阶段
时间范围	2005~2007 年	2008~2012 年	2013~2020 年	2021~2030 年
参与国家	EU25	EU27（新增罗马尼亚、保加利亚）+挪威、冰岛、列支敦士登	EU28（新增克罗地亚）	EU27（英国脱欧）+与瑞士碳市场建立连接
覆盖行业	20MW 以上的电厂、炼油、炼焦、钢铁、水泥、玻璃、石灰、制砖、造纸等行业	增加航空业	新增制铝、制氨、有色金属和黑色金属、碳捕获和储存装置、石化和其他化学行业等	向道路运输、建筑、内部海运扩展

阶段	第一阶段	第二阶段	第三阶段	第四阶段
温室气体	CO_2	CO_2，N_2O	CO_2，N_2O，PFC	CO_2，N_2O，PFC
配额总量	成员国自下而上加总确定，20.96亿吨/年的EUA	成员国自下而上加总确定，20.49亿吨/年的EUA	欧盟委员会统一分配，期初20.84亿吨/年的EUA，之后按1.74%速率递减	欧盟委员会统一分配，期初15.72亿吨/年的EUA，之后按2.2%速率递减
分配方法	免费	10%有偿拍卖，其余免费	57%有偿拍卖，其余免费	最终实现100%有偿拍卖
配额计算	祖父法	祖父法+基准线法	基准线法	基准线法
惩罚力度	40欧元/吨，并需要补缴配额	100欧元/吨，并需要补缴配额	100欧元/吨（依据CPI调整），并需要补缴配额	100欧元/吨（依据CPI调整），并需要补缴配额
信用抵销	允许无限制使用CER和EUR	允许，但对项目类型作出限制，抵销比例不超过限额排放量的13.4%	允许，要求来自最不发达国家，且拒绝高GWP温室气体减排信用	不允许
存储	不允许	允许	允许	允许

在EU-ETS的第一阶段（2005~2007年），主要以积累经验试点推进为主，因此整体配额发放较为宽松、覆盖的行业与温室气体较少。配额总量采用自下而上的方法确定，各欧盟成员国分别确定EU-ETS覆盖范围内本国企业的配额总量，所有成员国的配额上限加总后得到整个EU-ETS的年度配额总量上限，该数字在2005年为20.96亿吨。第一阶段被纳入碳市场的部门主要集中于大型排放源，控排企业主要是额定功率在20MW以上的发电设施（包括电力、供暖和蒸汽生产），以及大型的石油提炼、钢铁生产、建筑材料生产（水泥、石灰、玻璃等）、造纸等固定排放源装置。这一时期是EU ETS的试运营与探索阶段，仅对二氧化碳排放进行限制，并未纳入其他温室气体种类。

在配额分配方法上，这一阶段的EUA碳排放配额都是免费分配的，参照的标准主要是祖父法（历史法）。控排企业在EU-ETS的第一阶段可以使用来自国外的CER和EUR等碳信用来抵销部分履约义务（实际上由于碳信用的开发、申请、备案、签发需要较长的时间，因此第一阶段并没有实质的碳抵销产生），欧盟企业的巨大需求推动了清洁发展机制快速发展。在欧盟内部，第一阶段结余的剩余配额不允许存储至下一阶段使用，这造成了EUA配额价格在2007年末的暴跌，一度趋近于 0。未能履约的惩罚措施包括控排企业需要为未能按时履约清缴的碳排放支付 40 欧元/吨的罚款，并补缴相应的配额，以及行政处罚公告。

在 EU-ETS 的第二阶段（2008~2012 年），欧盟对碳市场进行了一系列改革，包括扩大碳市场的覆盖范围、逐步引入有偿拍卖、收紧配额免费发放的标准、提高未履约的惩罚、允许配额跨期结转与使用。配额总量上限仍然沿用第一阶段的自下而上法确定，此阶段初始时的市场配额总量上限为 20.49 亿吨。第二阶段最主要的改革在于 EU-ETS 覆盖范围的扩大。2008 年冰岛、挪威、列支敦士登这三个非欧盟国家以市场连接的方式加入 EU-ETS，同时随着欧盟扩容，罗马尼亚和保加利亚也加入 EU-ETS 的管控范围。自 2012 年起，航空交通产生的碳排放也被纳入 EU-ETS 管控体系，为此特设了 EUAA 配额，以区别于针对固定排放源的 EUA 配额，航空排放覆盖范围包括年排放量大于 10000 吨二氧化碳的商业航空和年排放量大于 1000 吨二氧化碳的非商业航空。由于受到中美等国的强硬抵制，针对航空业排放的管控措施最终仅落实在欧盟内部航线，EUAA 配额的年度发放量约为 3800 万吨。

在第二阶段，有偿配额分配方法被部分国家引入（德国、英国、荷兰、奥地利、爱尔兰、匈牙利、捷克、立陶宛），整个欧盟碳市场约有 10% 的 EUA 配额通过拍卖的形式进行发放，免费配额的分配方法也逐渐从祖父法过渡到基准线法。同时，在吸取了第一阶段末碳排放配额价格暴跌的教训后，欧盟碳市场主管机构对配额的跨期存储给予了肯定，并允许期内配额的预借，从而使 EUA 使用的时间灵活性得到大大增强。在这一阶段，来自 CDM 和 JI 机制的碳信用被广泛用于履约抵销，但 EU-ETS 严格限制了抵销比例，并要求项目类型不能属于 LU-LUCF、核电以及大型水电。

在 EU-ETS 的第三阶段（2013~2020 年），与前两个阶段最主要的区别在于建立起总量上限并逐年减少，以及推出了市场稳定储备机制。主管部门对配额总量的确定方法进行了深度改革，取消了自下而上的国家分配计划，改为采用欧盟范围内统一的排放总量控制。2013 年 EU-ETS 针对固定排放源装置的配额总量上限为 20.84 亿吨，此后每年以 1.74% 的线性递减速率缩减，约为每年减少 3830 万吨碳排放配额，至 2020 年配额总量上限下降至 18.16 亿吨（见图 4-2）。在配额的发放上，有偿拍卖成为主导的分配方式，57% 的配额被用来有偿拍卖，其余以基准法进行免费分配，基准的设定主要参考 2007~2008 年该行业前 10% 的排放效率。其中电力行业不再获得任何免费配额（部分电网建设落后或能源结构单一的东欧国家可逐渐过渡），只能参与拍卖或在二级市场中购买。钢铁、电解铝、化肥等具有显著"碳泄漏风险（贸易强度大于30%或碳成本强度大于30%，或贸易强度大于10%且碳成本强度大于5%①）"的行业可以获得100%的免费配额，其余制造业的免费配额占比则从2013的80%逐步下降至2020年的30%。第三阶段EU-ETS的覆盖范围进一步扩大，新增克罗地亚这一欧盟成员国，并进一步扩大行业覆盖范围至碳捕集与封存、石化加工生产、金属与废金属加工制造、有机化学品生产和电解铝制造等高能耗制造业。

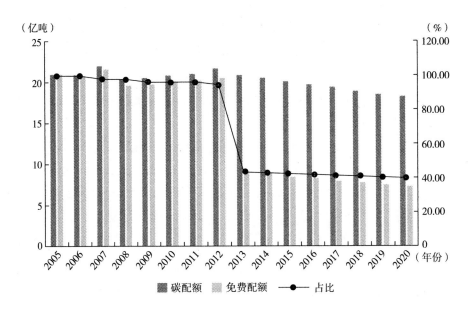

图4-2 EU-ETS前三阶段免费配额的缩减

资料来源：EUTL。

第三阶段内，延迟拍卖机制（Back Loading）与市场稳定储备机制（Market Stability Reserve，MSR）分别于2014年和2019年推出（见表4-2），旨在通过明确配额管理规则解决配额供需失衡问题，避免频繁的、市场无法预期的行政调

---

① 贸易强度＝(进口＋出口)/(进口＋生产)；碳成本强度＝碳价×(直接排放×有偿拍卖占比＋间接电力消耗×电力排放因子)/工业增加值。

控，并提高市场抵御冲击的能力，降低碳排放配额价格的剧烈波动。2013年欧盟正处于欧债危机的困境中，部分民众认为过度重视环保导致忽视了经济发展，并认为《京都议定书》下的其他缔约方未能较好地履行减排职责。因此EU-ETS大幅收紧了第三阶段的碳信用抵销规则，要求2012年后产生的碳信用必须来自于最不发达国家（实质上是将碳信用的最大供给方中国和印度排除在外），并且严格拒绝使用高GWP的氢氟碳化物、全氟碳化物减排项目获得的碳信用，同时限制碳信用抵销数量的上限为8亿吨。

表4-2　欧盟碳市场的市场稳定措施

	Back Loading（延迟拍卖）	Market Stability Reserve（市场稳定储备）
推出时间	2014年	2019年
背景	欧债危机以来，欧洲经济低迷生产乏力，市场对碳排放配额的需求大幅减少导致EUA价格长期低迷	在总量控制而非强度控制的EU-ETS中，天然存在长期的配额供需不平衡现象。因此为了有效解决配额供需失衡，建立起基于规则的供给调整机制，从而提高欧盟碳市场面对外部冲击时的韧性，减缓价格的剧烈波动
内容	为了减缓短期内的配额供过于求，将2014~2016年的部分配额拍卖（9亿吨）延期至2019~2020年进行	欧盟委员会在每年5月披露EU-ETS内流通中的配额数量（Total Number of Allowance in Circulation，TNAC），即配额总供给与总排放量的历史差额。当TNAC大于8.33亿吨时，未来一年拍卖量的24%（2023年后为12%）被放入储备中，当TNAC小于4亿吨时，从储备中提取1亿吨配额用于补充拍卖。从2023年起，MSR储备总量上限为过去一年的配额拍卖量，超出部分将直接注销
联系	延迟拍卖计划所留存的9亿吨未拍卖配额于2019年初被直接注入MSR。MSR启动运行后，2019年有3.97亿吨原计划拍卖的配额被注入MSR，2020年为3.75亿吨（约为当年拍卖计划总量的35%），2021年为3.2亿吨（约为当年拍卖计划总量的40%）	
区别	短期的、临时决定的	长期的、基于规则的

　　EU-ETS的第四阶段（2021~2030年）最主要的改革措施在于完全取消免费配额，并辅以碳边境调节机制以应对潜在的碳泄漏风险。此阶段EU ETS总量限制要求进一步提高，EUA配额总量为年度总量折减因子由1.74%提高至2.2%，约为每年减少4300万吨的配额总量。叠加英国脱欧的影响，2021年的EU-ETS固定装置排放源配额总量为15.72亿吨。在覆盖范围上，第四阶段开始前完成了

与瑞士碳市场的链接，并启动了关于航海运输业纳入 EU-ETS 的公众咨询。分配机制方面，有偿分配比例将继续提高，至 2027 年完全取消免费分配，无偿分配继续采用基准线法，并根据成员国上报的统计数据定期更新基准值以实现更高的减排标准。图 4-3 展示了 EU-ETS 配额总量上限在第四阶段加速下降。

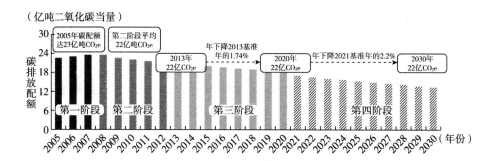

图 4-3　EU-ETS 配额总量上限在第四阶段加速下降

资料来源：Report on the functioning of the European Carbon Market 2021。

此外，在取消免费配额的同时，为了应对"碳泄漏"风险，欧盟委员会于第四阶段提出了碳边界调节机制（CBAM），该机制将对从其他国家进口到欧盟的某些排放密集型商品征收碳关税。

专题一　CBAM 专题研究——欧盟碳边境调节机制

2023 年 2 月，欧洲议会环境、公共卫生和食品安全委员会表决通过了碳边境调节机制（Carbon Border Adjustment Mechanism，CBAM），加速了"碳关税"的正式立法进程。CBAM 的出台，不仅有助于欧盟推广绿色标准、提高欧盟碳价的国际影响力，而且充分体现了发达国家遏制我国等新兴经济体发展的贸易保护主义倾向。

一、CBAM 基本介绍

从提出背景来看，CBAM 是防止"碳泄漏"的绿色法案。欧盟提出"Fit for55"气候目标，到 2030 年要将温室气体净排放量水平相比 1990 年降低至少

55%。为防止高碳排放企业转移至气候政策较为宽松的地区，平衡欧盟与其他地区因绿色而承担的成本，CBAM将对碳密集型产品征收关税。

从核心内容看，CBAM重点在于碳关税的计算。根据最新方案，CBAM的计算公式为：碳关税＝（进口产品碳排放量－免费碳排放配额）×进出口国碳排放价差

碳关税的计算主要涉及三个参数。一是进口产品碳排放量。进口产品可分为简单产品①和复杂产品②，简单产品碳排放量为生产过程中的直接排放总量③，复杂产品碳排放量为直接排放总量加上隐含碳排放量④。若无法确定实际碳排放量，在出口国数据可靠时，以出口国平均排放强度乘以一定比例进行上调；反之，参照欧盟同行业中排放强度最高的前10%企业数据。二是免费碳排放配额。在每年关税清缴时，每吨进口商品可免费获得1.3吨碳排放权的额度，由欧盟进口商获取；超过部分则需由进口商购买。欧盟将逐步取消免费碳排放配额的发放，2023~2025年的过渡期内保持全额不变，2026~2033年免费配额比例分别为97.5%、95%、90%、77.5%、51.5%、39%、26.5%、14%，2034年减至0%。三是进出口国碳排放价差。CBAM对进出口国碳排放价差的计算方式是以欧盟碳排放配额的周平均拍卖收盘价格减去在生产国承担的碳税、碳交易等成本。特别地，与欧盟减排标准一致的国家如气候俱乐部成员国，将享受免税待遇，无须考虑与欧盟的碳排放价差。

二、CBAM的主要效应

一是有助于欧盟掌握全球碳排放数据。CBAM在2023~2025年处于过渡期，进口产品仅需履行申报义务，无须实际支付碳关税。这不仅有利于欧盟评估CBAM实际运行情况，为政策调整留出缓冲空间，而且有利于欧盟迅速建立覆盖全球各国多行业的碳排放数据库，了解减排工作的实际推进情况。在CBAM转为常态化运行后，为大数据的验证和学习提供数据基础，为欧盟掌

---

① 简单产品在生产制造过程中仅需使用隐含碳排放量为零的材料，如直接以自然界中材料进行加工的产品。

② 复杂产品为在生产制造过程中需要投入简单产品的产品，常见产品多属于复杂产品。

③ 直接排放总量为生产过程中消耗能源造成的碳排放。

④ 隐含碳排放量为投入的中间品在生产过程中造成的碳排放。

握全球绿色话语权夯实数据先发优势。

二是有助于欧盟打造碳排放认证体系。CBAM 要求进口产品提供真实可靠的碳排放数据，为认证机构提供了竞争空间。长期来看，与 CBAM 价值倾向趋同的认证机构更容易获得市场青睐，相关企业将集中于 CBAM 标准体系下的认证机构，潜移默化中承认并放大了欧盟在碳排放认证体系上的权威。实践中，我国部分光伏企业为避免潜在的进出口限制，已经积极备战碳足迹认证。目前，隆基绿能、协鑫科技、通威股份等企业均已取得法国能源监管委员会负责的 ECS 碳足迹认证。

三是有助于推广欧洲碳市场价格。CBAM 与欧洲碳市场相辅相成。一方面，CBAM 的推出离不开成熟的欧盟碳排放交易体系（European Union Emission Trading Scheme，EU ETS）。2022 年，EU ETS 的碳排放交易额达 7515 亿欧元，占全球总量的 87%。另一方面，CBAM 进一步强化了欧洲碳市场价格的影响力。欧盟进口产品的碳关税计算均以 EU ETS 的碳价为参考基准，扩大了 EU ETS 的价格应用范围，有助于逐步巩固欧洲的全球碳定价中心地位（见图 1）。

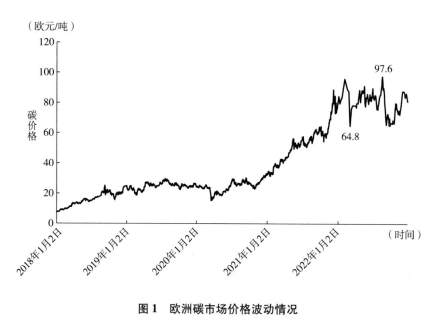

图 1　欧洲碳市场价格波动情况

四是有助于提升欧洲碳期货市场的吸引力。CBAM 通过将碳关税与 EU ETS 碳价格挂钩，直接把相关行业的进出口企业暴露在碳价波动风险前，将增大企业参与欧洲碳期货市场的意愿。2022 年，EU ETS 碳价格保持在宽幅波动的状态，最高价为 97.6 欧元/吨（折合 715.3 元/吨），最低价为 64.8 欧元/吨（折合 474.9 元/吨），波动幅度为 50.6%。碳关税相关的进出口企业为避免碳价波动带来的生产经营风险，倾向于利用欧洲碳期货市场管理价格风险。未来，我国相关企业在碳关税促使下也有较大可能参与欧洲碳期货交易。

从本质上看，CBAM 是对本土企业实行的贸易保护。碳关税的初衷是为了避免发生碳泄漏现象，鼓励各国家/地区进行绿色低碳转型。根据 CBAM 方案，欧盟以碳排放量绝对值为征收基础，以较为依赖高碳产品出口的发展中国家为主要征收对象，变相增加了经济发展的约束条件。通过 CBAM，欧盟不仅可以拉平不同国家地区的生产成本，在国际竞争中保护国内产业，限制新兴经济体的发展，而且可以凭借自身先发优势，出口低碳设备和技术，在绿色产业链中抢夺高附加值环节。目前，发展中国家如中国、印度、巴西等，均认为 CBAM 具有歧视性和不公平性，扰乱了正常的国际经贸秩序。

专题二 CBAM 专题研究二——欧美碳关税比较

一、欧盟 CBAM 发展历程

2023 年 2 月，欧洲议会环境、公共卫生和食品安全委员会表决通过了 CBAM，待欧洲议会全体会议通过、欧盟理事会批准后，CBAM 将完成正式立法。

CBAM 机制于 2023 年 10 月 1 日正式实行。按照 CBAM 征收范围、是否存在免费碳排放配额以及是否实际缴纳关税等规则条件可将其分为以下四个阶段：第一阶段从 2023 年 10 月 1 日至 2025 年 12 月 31 日，钢铁、铝、电力、水泥、化肥、氢等进口产品仅需履行申报义务，无须实际支付碳关税。第二阶段从 2026 年到 2029 年，除钢铁、铝、电力、水泥、化肥、氢等产品外，还将有机化学品和塑料纳入征收范围。进口商需根据进口产品的碳排放实际清缴相应数量的 CBAM 证书。免费碳排放配额将逐年降低。第三阶段从 2030 年到 2034 年，CBAM 覆盖欧盟碳排放权交易体系涉及的全部商品，并且免费碳排放配额仍将部分存在。第四阶段为 2035 年及以后，在完全取消免费碳排放配额的情况下，进口产品可依靠在生产国的碳税、碳交易等成本享受相关抵扣。

二、欧美碳关税政策比较

碳关税是指严格实施碳减排政策的国家或地区，在进口高碳产品时要求进口商缴纳相应的费用，以平衡境内外碳排放成本。从设计初衷看，碳关税政策倒逼高碳排放国家对高碳产业进行转型升级，有利于全球范围的低碳减排。从实际执行看，碳关税政策涉及利益的再分配，面临较大阻力。欧盟自 2019 年首次提出碳关税概念起，历时 3 年敲定全球首个碳关税的最终方案；美国于 2022 年 6 月才提出《清洁竞争法》（CCA）草案，市场预计 CCA 最早于 2023 年完成立法，2024 年开始正式执行。从政策内容看，CBAM 和 CCA 在征收原则、碳价标准、碳排放数据认定方式、覆盖范围、适用国别、碳税用途等方面存在较大差异。

（一）征收原则

征收原则是欧美碳关税政策的最大区别，具体计算公式如下：

CBAM：碳关税税额＝进口量×生产国产品单位碳排放×

（欧盟碳价－生产国成本①）

CCA：碳关税税额＝进口量×（生产国产品单位碳强度－

美国行业平均碳强度）×固定碳价

CBAM 针对碳成本的差额征税。CBAM 着眼于欧盟碳排放配额（European Union Allowance，EUA）与在生产国已支付碳成本之间的差额。也就是说，即使一个国家与欧盟保持相同的减排力度，但碳价远低于欧盟，同样要被征税。发达国家和发展中国家所处的碳减排阶段各异，以欧盟标准框定其他国家，忽视了碳价与减排成本之间的历史规律。

CCA 针对碳排放的强度差额征税。针对不同行业，CCA 以美国产品平均碳排放强度为基准线，对进口产品排放强度超出基准线的部分征税。2024 年，

---

① 碳成本包括碳税和碳交易价格。

基准线为100%；2025~2028年，基准线每年下降2.5%；2028年后，基准线每年下降5%。

（二）碳价标准

CBAM采用市场定价。CBAM根据EUA一级市场周平均拍卖价格确定。比较2022年以来EUA周平均拍卖价与EUA期货结算价走势发现，二者走势基本一致。

CCA采用政府定价机制。目前美国尚无类似于欧洲的统一碳交易体系，也没有统一的碳价。CCA草案建议，自2024年美国碳税起始价格为55美元/吨，此后每年涨幅为"通货膨胀率+5%"。

（三）数据认定方式

若进口商提供透明可靠的数据，CBAM和CCA政策下，该数据经核查认证可作为计算标准。欧盟和美国可按需求进口商提供二氧化碳排放量、年用电量和年产量等生产和排放数据，由核查机构按照相应的技术规范进行核查，通过检验即可使用企业自身碳排放作为征税依据。

若进口商缺乏可核查数据，CBAM采用缺省值法。针对无充分核算材料的情况，欧盟将按照缺省值来计算产品碳排放量。缺省值法有两种：一种是基于生产国相关行业平均碳排放量的默认值，并根据一个"放大系数"上调；另一种是在无法获得生产国可靠数据时，使用欧盟同行业碳排放量最高的10%的企业平均碳排放量。

若进口商不被认定为"透明市场经济体中的生产者"，CCA采用生产国行业平均或整体经济的碳强度。若美国财政部认定生产国是一个透明市场经济体时，进口产品的碳含量采用生产国行业平均碳强度。若生产国排放数据无法验证，则采用整体经济的碳强度。

（四）覆盖范围

CBAM针对钢铁、水泥、铝、化肥、电力、氢的直接排放、特定条件下的间接排放、特定前提及某些下游产品征税。2026年欧盟将覆盖范围扩大至有机化学品和塑料，并且涵盖规定行业的间接排放；2030年将欧盟碳排放权交易体系（EU ETS）涵盖的所有商品包括在内。

CCA 计划从 2024 年起针对石油开采、天然气开采、采煤、纸浆、造纸、印刷、炼油、石化产品、工业气体、酒精制造、氮肥、玻璃、水泥、石灰制品、钢铁和铝等碳密集型行业征税。征收范围将逐渐扩大：2024~2025 年，只针对上述碳密集型行业的初级产品征税；2026~2027 年，针对包含至少 500 磅（225kg）上述碳密集型初级产品的进口成品征税；2028 年之后，征税范围扩展至包含至少 100 磅（45kg）上述碳密集型初级产品的进口成品。

（五）适用国别

CBAM 适用于所有非欧盟国家和地区，加入或关联欧盟碳市场的国家将获得豁免。CBAM 规定，从冰岛、列支敦士登、挪威、瑞士及 5 个欧盟海外领地进口的商品将不被征收碳关税。其中，冰岛、列支敦士登、挪威已加入 EU ETS，瑞士已与欧盟建立了碳市场连接。目前，G7 国家已计划建立全球首个气候俱乐部，相关国家将享受免税待遇。

CCA 既适用于进口商，也适用于美国国内生产商。美国对其认定的最不发达国家和地区①的产品，实施碳关税减免。

（六）碳税用途

CBAM 带来的额外收入主要围绕"下一代欧盟"复兴计划，所得收入将投资于新冠疫情复苏、绿色发展和数字转型等方面。

CCA 所得收入中的 75% 将用于资助碳密集型行业的减排新技术，25% 将用于帮助发展中国家脱碳和实现净零排放。

总的来看，相比更为成熟的 CBAM 而言，CCA 仍处于雏形阶段，在具体细节上存在较多不明确的地方，需要进一步完善。比较 CBAM 和 CCA 的政策及具体规则对我国具有重要的参考意义。一是欧盟推出 CBAM 的诉求是通过为碳排放定价，以价格手段倒逼企业加速采取减排措施，推动全球减排目标的实现，在征收方式上较美国 CCA 更为透明。二是 CBAM 和 CCA 对缺乏可信度的碳排放数据均建立一套认定规则，CBAM 采用相对较高的缺省值进行计算，

---

① 参照 1961 年美国国会通过的《对外援助法》第 124 条，美国确定"最不发达国家"的标准参照联合国大会"最不发达国家"名单可比标准，其特点是极端贫穷、基础设施非常有限、执行基本人类需求增长战略的行政能力有限。

CCA 则采用生产国整体经济的碳强度，这意味着对于出口国而言，如果没有建立与国际互认的碳排放监测体系都将增加国内企业出口的碳成本。三是碳关税等气候政策已成为全球不可逆的发展趋势，发达国家推进成立如气候俱乐部①等多种气候合作关系，牢牢掌控气候政策方面的话语权。对于发展中国家而言，发展阶段相较发达国家存在明显滞后，碳关税形成的贸易壁垒将对经济发展等多方面带来显著影响。

另一项关于有偿拍卖收入的改革措施也在此阶段推出，创新发展基金（Innovation Fund）和公正现代化转型基金（Modernization Fund）旨在为低碳减排的工业创新与低收入成员国的低碳能源转型提供支持。其中创新发展基金主要聚焦于 CCUS、风电光伏、绿氢等具备巨大减碳潜力的突破性创新技术，预计总投资规模在 15 亿欧元左右。公正现代化转型基金则针对欧盟内人均收入水平最低的十个成员国，为他们提供改善能源效率、促进棕色行业工人再就业等支持，筹款来源为第四阶段配额拍卖收入的 2%。

二、交易产品

欧盟碳市场体系自 2005 年开始运行至今，已形成了丰富的碳交易产品结构，建立起成熟的碳交易场所，并吸引了多元化的市场主体参与交易。其中，EUA 期货是最主要的交易品种，其价格与成交量的变化也反映出欧盟碳市场的发展变迁。

（一）交易场所、品种及方式

与 EU-ETS 相关的碳交易产品可以从两个维度进行划分，现货与金融衍生品，碳排放配额与减排量。具体而言，现货包括欧洲碳排放配额（European Union Allowances，EUA）、欧洲航空碳排放配额（European Union Aviation Allowances，EUAA）、核证减排量（Certified Emission Reductions，CER）、减排单位（Emission Reduction Units，ERU）。金融衍生品主要有基于 EUA 的欧洲碳排放配额期货（EUA Futures）、欧洲碳排放配额期权（EUA Options），基于 EUAA 的欧

---

① 2022 年 12 月，七国集团（G7）发布气候俱乐部的目标及职权文件，计划建立以国际目标碳价为核心的气候同盟，并对非参与国的进口商品征收统一碳关税。

洲航空碳排放配额期货（EUAA Futures）。EU-ETS 主要的碳交易产品及交易场
所如表 4-3 所示。

表 4-3　EU-ETS 主要的碳交易产品及交易场所

交易所	交易方式	底层标的	交易品种	合约单位
欧洲能源交易所 EEX	一级市场拍卖	EUA	Auction	500
		EUAA	Auction	500
	二级市场集中竞价、连续竞价	EUA	EUA Spot，EUA Future，EUA Future Option	1000
		EUAA	EUAA Spot，EUAA Future	1000
洲际交易所 ICE	一级市场拍卖	EUA UK	Auction	500
		EUAA UK	Auction	500
	二级市场集中竞价、连续竞价	EUA	EUA Future，EUA Future Option	1000
		EUAA	EUAA Future	1000

资料来源：ICE、EEX。

　　上述产品的交易主要集中于两大交易所：洲际交易所（Inter-Continental Exchange，ICE）和欧洲能源交易所（European Energy Exchange，EEX）。ICE 在 2010 年全面收购气候交易所集团（CLE），从而将 CLE 旗下的欧洲气候交易所（European Climate Exchange，ECX）和芝加哥气候交易所（Chicago Climate Exchange，CCX）的碳交易业务并入自身，形成了全球最大的能源环境类衍生品交易平台。其服务范围包括衍生品交易、场外交易、清算服务、数据服务，目前在碳交易方面的产品主要包括一级市场的碳排放配额拍卖，二级市场的 EUA、EUAA 期货等相关金融衍生品。此外，ICE 还提供北美洲地区的碳交易服务，如加州碳排放配额 CCA、美国区域减排计划碳排放配额 RGA 以及碳排放配额相关的金融衍生品。

　　EEX 成立于 2002 年，由莱比锡能源交易所和法兰克福欧洲能源交易所合并而成，目前是欧洲核心能源交易所之一。其服务范围与 ICE 类似，EEX 的交易产品包括一级市场的碳排放配额拍卖，二级市场的 EUA 和 EUAA 现货、EUA 和 EUAA 期货等金融衍生品，其中以现货交易为主。

虽然 ICE 和 EEX 的产品结构较为一致，但也存在一定区别。在一级市场上，ICE 主要对英国碳排放配额进行拍卖，EEX 则对欧盟碳排放配额、德国碳排放配额、波兰碳排放配额进行拍卖。在二级市场上，ICE 主要开展 EUA 期货等金融衍生品的交易，EEX 则是 EUA 现货、期货均有交易，但是以现货为主。

在欧盟碳排放交易体系的运行过程中，企业作为交易者主要参与配额分配（配额拍卖形成的一级市场）和配额交易（EUA、CER 及相关金融衍生品形成的二级市场）两个环节，欧盟委员会对不同环节参与者的要求有所区别。对于一级市场，参与者有控排企业、经授权的投资公司与信贷机构、成员国内控股控排企业的公共机构或国有企业；对于二级市场，欧盟委员会规定有两者可以参与交易，其一为欧盟内人员，其二为符合规定的其他国家人员，意味着欧盟碳交易体系的二级市场允许控排企业、金融机构、非控排企业以及个人参加碳排放交易。欧盟相对宽松的市场参与条件极大地丰富了市场交易主体，使碳排放交易的活跃程度不断提高。在 EUA 及其金融衍生品表现出金融属性的背景下，成熟金融机构的参与使 EUA 及衍生品的定价更加合理，碳交易市场的有效性得到提升。

（二）市场参与者

能源生产商和工业集团经常寻求通过期货市场购买 EUA，以对冲他们对碳价格的风险，并确保他们有足够的碳排放配额来完成预期排放量的履约清缴。如果他们在前一年的排放量低于计划，他们也可以做空 EUA 期货锁定卖出收益。其他部门（如航运、建筑和运输）的排放者，目前不在欧盟排放交易计划的范围内，出于道德原因或预期欧盟控排政策收紧，也可能寻求通过 EUA 期货交易抵销或对冲其碳足迹。

金融中介机构通常寻求交易 EUA 和 EUA 期货和期权，以期为其客户提供流动性（然后从买卖差价中获利），或市场准入（如果一些实体发现直接通过拍卖或交易所的订单簿购买 EUA 或 EUA 期货过于复杂或昂贵，他们可能会要求金融机构以代理的方式进行交易）。此外，通过"Carry Trade"的形式，金融中介可以通过卖出 EUA 期货的同时买入 EUA 现货，从而随着碳排放配额的期现价差逐渐收敛而获利。

近年来，持有 EUA 期货头寸的基金数量虽然一直在增长，但是规模仍然有限（在 2021 年 11 月 8 日开始的一周，仅占 EUA 期货总头寸的 4.1%，从 2021 年初到 2021 年 11 月，平均占 4.6%）。投资者还将投资于 EUA 的组合与其他碳基金结合起来，以调整他们对全球碳信用市场的配置。当然，他们也可能有其他动机。例如，由于与传统资产类别的历史相关性低，基金可能投资于 EUAs，以实现投资组合的多样化，对冲通货膨胀风险等。

从 ICE 和 EEX 对 EUA 期货的交易商持仓（COT）报告的分析中可以看出，最大的交易头寸是卖出 EUA 期货的金融机构与买入 EUA 期货的商业实体之间的交易，目的是对冲 EUA 价格和数量风险，以履行其在欧盟碳排放交易体系下的履约义务。

三、市场交易

（一）市场价格

欧盟碳市场主要分为四个阶段中运作良好，其碳价走势呈现与市场政策和宏观经济因素紧密的相关性（见图 4-4）。

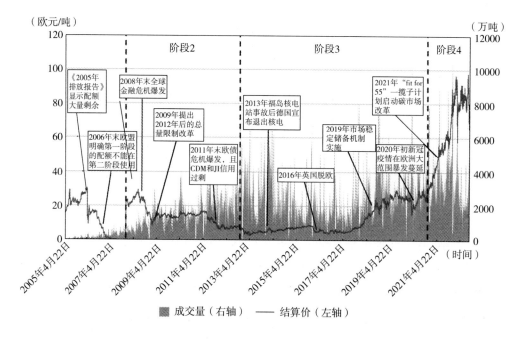

图 4-4 欧盟 EUA 期货的价格与成交量历史变化

注：以主力合约价格为准，对于 EUA 即 12 月期货合约。

资料来源：Wind。

在欧盟碳市场的第一阶段（2005~2007年），EUA价格走势经历了先上升后下降的过山车式变化，从2005年初的16.85欧元/吨上涨至2006年履约前期的30欧元/吨，随后暴跌至2007年的0欧元/吨，欧盟碳交易几近失效，原因是两方面的：一方面，由于第一阶段的配额总量上限由各国自行确定的配额加总确定，欧盟无法形成有效的配额总量管理，导致欧盟在早期的碳排放配额超发，产生了供给过剩的局面；另一方面，第一阶段的剩余配额无法结转至第二阶段使用，当控排企业持有的配额满足第一阶段的清缴需求后，剩余配额便被全部投放于市场供应，导致短期内供过于求的局面进一步激化。在交易量方面，第一阶段前期的EUA现货与期货交易量变化基本保持一致，产生了一定幅度的上涨。然而2007年EUA现货与期货的交易量分化明显，由于碳排放配额供给过剩与配额不能跨期转存，EUA现货的交易量一直处于低谷；但是碳市场的完善和稳定运行提高了交易者对后续交易期的交易意愿，因此EUA期货的交易量持续上涨。

进入第二阶段（2008~2012年），欧盟对碳交易的规则进行了一定的调整，包括提升配额拍卖比例至10%、覆盖范围扩展至欧盟以外的国家、严格限制成员国碳排放总量、提高超额排放成本、允许配额结转至第三交易期使用。这些举措对提高碳价、促进碳排放权交易起到了积极作用，但是仍存在配额超发的问题，而且CER等碳信用抵销产品的大规模引入变相增加了市场供给，使控排企业的减排压力进一步减小。在两方面因素的叠加作用下，欧盟EUA现货与期货的价格仍较低，但是较第一阶段已经开始逐步改善，市场化的减排机制发挥了一定作用。这一交易期内的两次大幅下跌的原因分别是2008年的全球经济危机、2011年的《能效计划》和欧债危机，金融危机与欧债危机导致企业的生产经营活动大幅缩减，碳排放量和对配额的需求也因此降低，EUA现货期货价格同时下跌。《能效计划》则是导致控排企业纷纷采取节能减排措施，在碳排放减少的预期下，控排企业对碳排额的需求减少，导致EUA现货期货的价格与交易量同时下降。在多重因素影响之下，导致EUA市场上累积了大量的剩余配额，欧盟EUA价格在第二阶段内持续低迷，该影响也延续至第三阶段（见图4-5）。

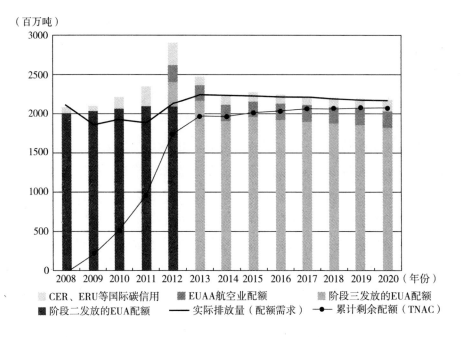

（百万吨）

图 4-5 欧盟碳市场累计剩余配额的变化

注：该报告的数据是在 2014 年统计的，因此 2014 年以后均为假设不存在 MSR 情况下的预测值。

资料来源：Staff working document on the functioning of the carbon market 2014。

考虑到前两阶段产生的问题，欧盟委员会在第三阶段（2013~2020 年）对碳排放交易体系进行了深度改革，改善了配额供给过剩的情况，使欧盟碳价平稳发展并在后半段不断提升。在总量设定方面，欧盟委员会建立了统一的配额总量限制制度来代替"国家分配计划"，将配额设定的权力进行集中以便于欧盟管理，同时规定了每年的配额总量减少 1.74%，更重要的是欧盟设立了市场稳定储备机制（MSR）来应对配额供给过剩的问题（见图 4-6）。在配额分配方面，欧盟扩大了拍卖分配的比例，要求逐渐以拍卖的形式来取代免费分配，逐步提高企业成本来推动控排企业采取减排措施。在抵销机制方面，欧盟修改了相应的条件，要求用于碳抵销的项目来源于极度不发达国家。多重措施从碳交易的各方面共同发力解决欧盟碳排放配额过剩的问题，并在第三交易期的后半段开始取得了一定的成效。EUA 现货与期货在第三交易期前半段的价格维持在 10 欧元左右，到了后半段价格开始走高，控排企业的碳排放成本逐步提高，市场化机制的减排作用越发明显。

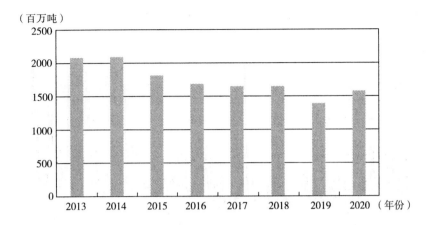

（百万吨）

图 4-6　引入 MSR 后欧盟碳市场累计剩余配额的实际变化

资料来源：EC report about functioning of EU-ETS market 2021。

进入 EU-ETS 的第四阶段（2021~2030 年）后，欧盟实施了更加严格的碳排放控制，要求每年配额总量减少 2.2%，且不能再使用 CDM 下的减排信用进行碳抵销。2021 年初欧盟的"fit for 55"一揽子绿色计划正式启动，关于碳市场的改革措施正在不断加强针对企业的环境规制力度，旨在通过碳价格的提升督促欧盟整体实现 2030 年减排 55% 的目标。与此同时，自疫情后快速复苏的能源需求与疫情防控期间被打断的能源供应投资形成了鲜明对比，导致能源供不应求，碳排放配额价格也随着能源价格的高涨而持续走高（见图 4-7）。2022 年初的乌克兰危机进一步加剧了天然气等过渡能源的供需矛盾，8 月底主要输气管道北溪一号的检修断供，导致欧洲多国不得不大规模重启燃煤发电，带动对 EUA 配额的需求再度冲高至接近 100 欧元/吨。

受乌克兰危机和疫情影响，市场预期未来经济将陷入衰退，碳排放配额市场的供过于求局面将时有发生，EUA 价格也曾经出现过阶段性的大幅下跌，导致第四阶段内碳市场价格波动性地增加。

（二）市场成交量

2005 年 EU-ETS 正式启动，当年便在 ECX 欧洲气候交易所搭建起 EUA 碳排放配额的期货交易平台。由于早期市场各方面建设尚不完善，投资者参与门槛较高，市场交易并不活跃，风险管理主要以 OTC 的远期场外交易为主，仅有 1/5 的交易是通过交易所匹配完成，2005 年 EUA 期货成交量仅为 9.4 万手。此后碳

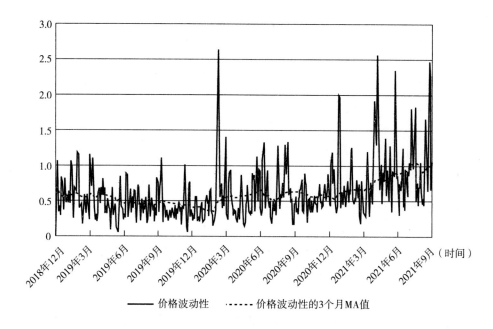

图 4-7　新冠疫情暴发后的 EUA 价格波动性增加

注：价格波动性以 5 个交易日内的滚动标准差衡量；虚线代表波动性的 3 个月窗口期滚动平均，反映波动性变化的中长期趋势。

资料来源：Preliminary report on emission allowances 2021。

市场迎来广泛的关注和交易，所有 EUA 期货合约的总成交量逐年攀升。但是随着欧盟委员会明确表示第一阶段的配额不允许进入第二阶段使用，2007 年碳排放配额的价格自由跳水似的降至零，当年交割的 EUA 主力期货合约也随之失去流动性，投资者转而参与以后年份的碳期货交易。

进入第二阶段，EUA 碳期货整体的成交量仍在稳步增长，从 2008 年的 199 万手增至 2012 年的 646 万手。但是由于 2008 年次贷危机和 2011 年欧债危机的影响，碳价再度跌落谷底，市场投资者普遍转向后续年份到期交割的期货合约以锁定远期收益。第三阶段开始后，前期累计的碳排放配额过剩的影响继续作用于碳期货市场，碳排放配额价格长期维持在低位且缺乏波动，市场投资者和套利者逐渐对碳市场失去兴趣，碳期货整体的交易规模也在配额过剩最为严重的 2013～2017 年逐步萎缩（见图 4-8）。

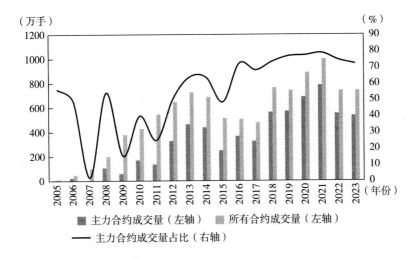

图 4-8　EUA 期货成交量的年度变化

注：碳期货正式启动于 2005 年 4 月 22 日，因此 2005 年的数据存在部分月份缺失。

资料来源：彭博（Bloomberg）。

　　直至 2018 年碳市场改革法案的提出以及 MSR 储备机制对供需关系的重构，碳期货市场参与者的热情被重新点燃，市场成交量逐步从 2017 年的不足 500 万手攀升至 2021 年的接近 1000 万手，即 100 亿吨碳排放配额在 ICE 期货市场上被交易，以 EU-ETS 当年碳排放配额计算的换手率超过 600%。值得一提的是，在此阶段主力合约的交易量占比保持稳定在 50% 以上，衍生品市场良好运作，期货市场的价格发现功能有效地引导现货碳排放配额价格稳步上升，碳市场对控排企业节能减排与全社会低碳转型的引导作用愈加显现。成交额的情况综合反映了配额价格和交易量的变化，2018~2021 年保持高速增长。2022 年和 2023 年主力合约成交量下降，但由于价格保持高位运行，成交额仍保持稳步增长（见表 4-4）。

表 4-4　ICE 交易所的 EUA 期货年度成交情况综合表

年份	主力合约成交量（万手）	所有合约成交量（万手）	主力合约成交量占比（%）	主力合约成交额（亿欧元）	主力合约成交额年度增长率（%）
2005	5	9	56	12	
2006	22	45	49	40	232

续表

年份	主力合约成交量（万手）	所有合约成交量（万手）	主力合约成交量占比（%）	主力合约成交额（亿欧元）	主力合约成交额年度增长率（%）
2007	2	98	2	0*	−100
2008	108	199	54	249	2248953
2009	58	378	15	79	−68
2010	170	427	40	245	209
2011	136	544	25	176	−28
2012	328	646	51	248	41
2013	464	726	64	208	−16
2014	437	688	64	259	25
2015	249	514	48	196	−24
2016	366	507	72	199	1
2017	327	479	68	195	−2
2018	562	765	73	938	381
2019	571	743	77	1409	50
2020	688	889	77	1689	20
2021	785	998	79	4274	153
2022	552	741	75	4460	4
2023	535	742	72	4537	2

注：* 表示 2007 年主力合约价格下跌至 0.1 欧元/手以下，成交额约 2560 万欧元。

资料来源：彭博（Bloomberg）。

从主力合约成交量月度平均值的分布情况来看，EUA 碳排放配额期货的成交存在明显的季节性特征，其中两个成交高峰在 3 月和 12 月，分别对应碳市场的履约日和期货市场的交割日（见图 4-9）。欧盟碳市场每年的履约日为 4 月 30 日，由于履约清缴手续需要一定时间，控排企业往往会提前一个月开始将手中的 EUA 期货多头仓位平仓，再到现货市场中采购所需的配额以满足履约要求。每年的 12 月 EUA 主力期货合约到期交割前，市场中的投资者和套利者往往会通过交易来实现平仓，避免手续复杂的交割。鉴于 2005 年期货市场启动于 4 月 22 日，都存在部分月份数据的缺失，剔除 2005 年的数据后 3 月和 12 月仍为每年的成交量高峰期，结论稳健。

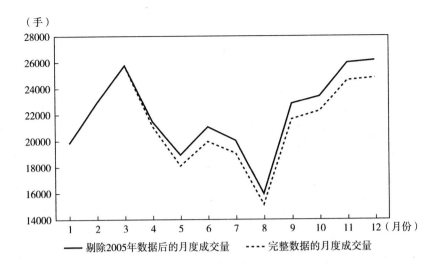

（手）

图 4-9　EUA 主力碳期货合约的成交量月度分布

资料来源：彭博（Bloomberg）。

四、实施效果

（一）减排贡献

欧盟碳市场以"总量控制与交易"的形式运行，对市场范围内所有设施的排放施加逐年递减的总量上限，督促控排企业通过能效提升和清洁能源替代等手段落实减排目标。在覆盖范围以外，EU-ETS 通过碳成本在产业间的上下游传导和生产端向消费端的传导，倒逼未被纳入碳市场的下游企业和消费者减少高能耗高排放产品的使用与消耗，从而推动全社会经济体系的低碳转型。

从碳市场覆盖范围内的减排效果来看，截至 2020 年底碳市场覆盖范围内的固定源排放量较 2005 年市场建立之初下降了 42.2%，从 23.7 亿吨下降至 13.68 亿吨。其中第一阶段末排放量为 22.1 亿吨，对应阶段内年均减排幅度为 3.43%，第二阶段末排放量为 18.7 亿吨，对应阶段内年均减排幅度为 3.32%，第三阶段末排放量为 13.6 亿吨，对应阶段内年均减排幅度为 3.93%（见图 4-10）。结合前文对于 EUA 价格的分析可见，碳排放配额的高低与碳市场减排效果的强弱存在明显的正相关性，显示出碳价格信号在促进减排方面的积极作用。此外，值得注意的是 2008 年金融危机、2011 年欧债危机和 2020 年的新冠肺炎疫情都对碳市场覆盖范围的实际排放量产生了显著的冲击。

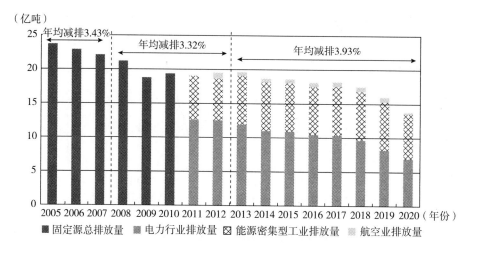

图 4-10 欧盟碳市场覆盖范围内的排放量

注：①2011 年之前的排放数据来源于欧盟委员会发布的 2012 年碳市场运行报告，仅有固定源排放总量的数据。2011 年及之后的数据来源于 2021 年碳市场运行报告，将市场覆盖范围内的排放分为电力、工业和航空业三大行业。②考虑到欧盟碳市场的行业扩容和国家扩容，各年份间实际覆盖的固定排放源存在变化，因此采用追溯调整的方式将历史年份的排放量统计口径扩展至与 2020 年相同，即 EU27①+英国+冰岛、挪威、列支敦士登+瑞士。

资料来源：EC report about functioning of EU-ETS market 2021 & 2012。

从 2011 年后的排放情况来看，主要的固定源排放下降来自于热电生产行业，排放量由 2011 年的 12.6 亿吨降至 2020 年的 6.96 亿吨，降幅为 44.8%，同期能源密集型工业的排放量不降反升，由 2011 年的 6.43 亿吨增至 2020 年的 6.59 亿吨。这凸显出欧盟碳市场在促进清洁能源替代方面发挥了积极的作用，而工业排放由于经济发展和减排技术不成熟，并未在碳市场的控制下取得明显的减排成果。此外，航空运输业的排放受到新冠疫情影响显著，2012~2019 年的变化为 0.84 亿吨降至 0.68 亿吨，而 2020 年该数字下跌至 0.25 亿吨。

碳市场的高效运行也成功带动了全欧洲排放量的减少。欧盟整体的温室气体排放较 1990 年降低了 29.6%，从 43.96 亿吨降至 2021 年的 30.95 亿吨，顺利完

① EU27 指 27 个欧盟国家。

成了《京都议定书》下的减排目标（欧盟2012年的温室气体排放较1990年下降8%，2020年的温室气体排放较1990年下降20%），并向着《巴黎协定》规定的2030年较1990年下降40%的目标大踏步前进（"Fit for 55"一揽子计划进一步要求将2030年的减排目标提升至55%）。

横向比较而言，《京都议定书》附件一中提到的其他义务承担国所取得的减排成果略显不足，美国和日本仅实现了3%左右的减排，加拿大、澳大利亚和新西兰等国2021年的实际排放甚至远高于1990年，仅有俄罗斯和乌克兰由于苏联解体后的经济动荡与工业萎缩呈现出碳排放减少。从排放强度而言，欧盟也是仅次于工业消亡的乌克兰和以农业为主的新西兰，其人均碳排放仅为6.2吨/人，甚至不足美国的1/2（见图4-11）。

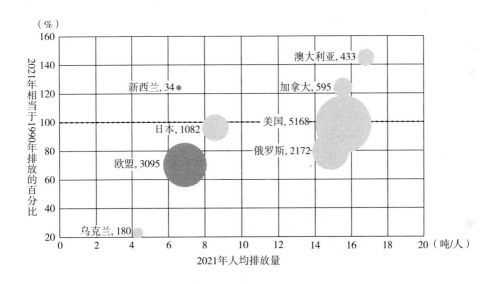

图4-11 《京都议定书》附件一缔约国的排放履约情况

注：①横轴表示2021年人均排放，纵轴表示2021年排放量占1990年排放量的比重，气泡大小表示2021年的总排放量。②《京都议定书》附件一中提到的国家共39个，其中绝大部分为欧盟碳市场所覆盖（EU27+英国+冰岛、挪威、列支敦士登+瑞士），以图中深色气泡表示。

资料来源：BP世界能源统计年鉴、世界银行。

从纵向来看，欧盟碳市场覆盖范围内的32个国家已经实现了经济增长与碳排放的脱钩，其增速曲线之间的相关性明显弱于全球的经济增速与碳排放的关系。除 2008 年经济危机、2011 年欧债危机以及 2020 年新冠肺炎疫情的三个时段以外，欧盟碳市场覆盖范围内的国家在大部分时间保持连续的经济增长，而同时期的碳排放总量却在大部分时间处于下降的状态。

2021 年以来，新冠肺炎疫情对经济活动的影响力下降，欧盟碳排放总量大幅反弹，较 2020 年增长了 9.1%，2022 年继续增长 0.3%[①]。与此同时，欧盟制定了更高的碳减排目标。2021 年 7 月，欧盟委员会向欧盟议会、理事会、欧洲经济和社会委员会以及地区委员会提交了"Fit for 55"一揽子立法提案，提出了包括能源、工业、交通、建筑等在内的 12 项更为积极的系列举措，承诺欧洲 2030 年底温室气体排放量较 1990 年减少 55%。欧盟委员会同时提议对欧盟排放交易体系（EU-ETS）进行全面改革，到 2030 年，相关部门的总体排放量比 2005 年减少 61%。2023 年 4 月 18 日，欧洲议会批准了"Fit for 55"2030 一揽子气候计划中数项关键立法，包括改革 EU-ETS、修正碳边境调整机制（CBAM）相关规则以及设立社会气候基金。其中，EU-ETS 涉及的行业温室气体排放量必须较 2005 年的水平削减 62%，较此前欧盟委员会提议的目标高出一个百分点（见图 4-12）。

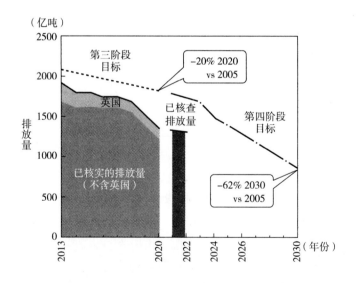

图 4-12　适合"Fit for 55"的减排目标

数据来源：欧盟委员会 2023-STATE-OF-THE-EU-ETS-REPORT。

---

① 不含英国数据。

（二）能源变革

纵观欧盟过去二十年的减排历程，能源使用效率的提升和能源消费结构的转型贡献卓著，而碳市场对于电力企业和能源密集型企业的控排规制则是背后的主要推动力量。图4-13展示了经济增长与排放增速的关系。

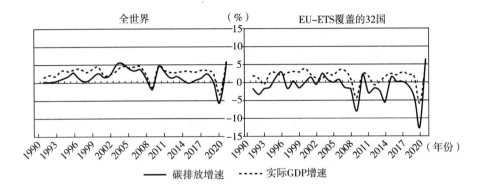

图4-13　经济增长与排放增速的关系

资料来源：BP世界能源统计年鉴、世界银行。

以2015年不变价美元计算的欧盟[①]GDP，从1990年的9.05万亿美元增至2021年的14.64万亿美元，同期欧盟的一次能源消费总量则从62.96EJ下降至60.11EJ，单位GDP能耗由6.95EJ/万亿美元降至4.11EJ/万亿美元。EU-ETS建立的2005年，欧盟能源消费总量达到67.92EJ的峰值，随着碳市场对高能耗的热电、制造和运输业排放的有效管控，欧盟一次能源消耗量此后稳步下降（见图4-14）。

EU-ETS对控排企业碳排放外部性的管控也体现在推动能源结构转型上。1990~2021年，欧盟一次能源消耗中清洁能源占比由0.32%大幅提升至13.17%，年均消费量增速达到12.53%，超出世界增速2个百分点。更重要的是，同期欧盟的一次能源消费种类中，仅有天然气、水电和可再生能源保持增长。欧盟利用单位热值排放更低的天然气作为过渡能源，大力推进退煤进程，30年间欧盟的煤炭消费年均复合增速为-2.82%，远低于世界增速的1.76%（见图4-15）。

---

①　1995年欧盟刚成立不久，成员国范围较小。但出于可比性的考虑，此处1995年欧盟GDP为按照2021年欧盟覆盖范围的国家当年的GDP进行加总统计。

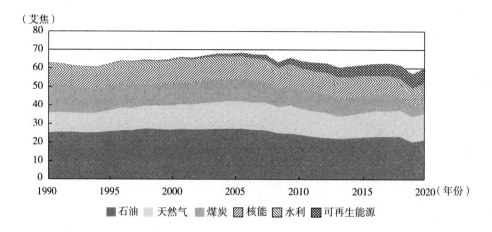

图 4-14　欧盟的一次能源消费情况

资料来源：BP 能源统计年鉴。

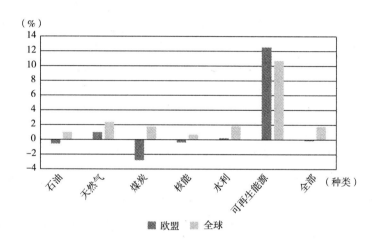

图 4-15　1990~2021 年一次能源消耗量的年均复合增速

资料来源：BP 能源统计年鉴。

能源结构的变迁从发电端能更明显地感知。从发电量来看，与 2005 年碳市场建立之初相比，2021 年欧盟 28 国发电总量下降了 1.15%。其中，汽油发电和燃煤发电量的降幅最大，分别为 69.67% 和 48.11%。燃气发电和水力发电量平稳略升，而风电和光伏发电量则呈现爆发式增长，2021 年发电量分别为 160.6TWH 和 389.5TWH，增幅分别达到 109 倍和 5.7 倍（见图 4-16）。

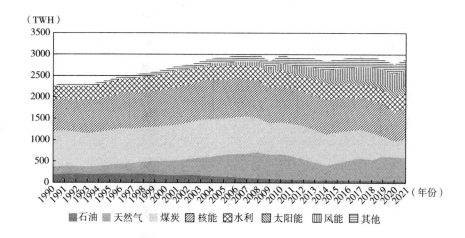

图4-16　欧盟的发电量结构

资料来源：BP能源统计年鉴。

从发电量占比来看，2021年欧盟化石燃料发电占比为35.58%，较2005年下降约16%，其降幅远高于1990~2005年，并且远高于同期全球化石燃料发电占比的降幅。而可再生能源发电量占比的走势与化石燃料发电占比的走势呈镜像状态，1990~2005年缓慢增长，2005年以后由6.87%快速上升至27.24%，高于1990~2005年占比增速，并且也远高于同期全球增速（见图4-17）。

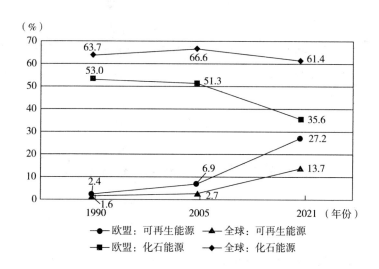

图4-17　欧盟和全球的发电结构对比

资料来源：BP能源统计年鉴。

数据揭露出欧盟能源结构变迁的路径，1990~2005 年，欧盟能源结构的变化为化石燃料内部天然气对油、煤的替代，主要原因在于苏联解体后大量的廉价天然气供应，通过价格优势逐步成为欧盟主要的发电取暖能源。2005 年欧盟碳市场建立以后，逐步收紧的配额供给对发电企业的减排提出了更高的要求，与此同时碳市场拍卖收入被广泛投资于能源技术创新与示范应用，风电光伏的开发利用成本随着技术进步和规模效应而大幅下降，清洁能源开始大规模替代化石能源在欧盟发电结构中的地位。2005 年建立碳市场以后，清洁能源发电量占比在欧盟正式开启配额有偿拍卖的 2012 年后加速上升，进一步验证了这种猜想。图 4-18 展示了 2013~2021 年欧盟配额拍卖收入与可再生能源发电量占比。

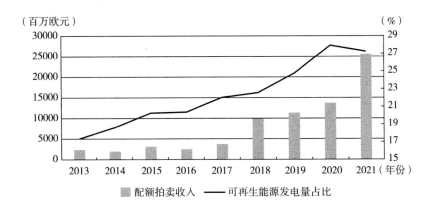

图 4-18　2013~2021 年欧盟配额拍卖收入与可再生能源发电量占比

资料来源：BP 能源统计年鉴、EEX。

第二节　美国碳排放交易体系

一、区域温室气体倡议（RGGI）

区域温室气体倡议行动（Regional Greenhouse Gas Initiative，RGGI）是美国

第一个强制性碳市场，由美国东北部及大西洋沿岸中部的 11 个州（康涅狄格、特拉华、缅因、马里兰、马萨诸塞、新罕布什尔、新泽西、纽约、罗德岛、佛蒙特、弗吉尼亚）组成，主要针对火力发电部门的二氧化碳排放进行管控。2022 年 RGGI 覆盖的排放总量为 1.05 亿吨二氧化碳当量，约占所在管辖区温室气体排放总量的 16%。

该倡议最早于 2003 年发起，建设过程中的两个里程碑是"2005 年 RGGI 谅解备忘录"（Memorandum of Understanding，MOU）和"2006 年 RGGI 示范规则"（Model Rule）。各成员州基于 MOU 确立的减排目标和 Model Rule 设立的机制框架开始建设碳市场，最终 RGGI 碳交易系统于 2009 年开始在十个州（康涅狄格州、特拉华州、缅因州、马里兰州、马萨诸塞州、新罕布什尔州、新泽西州、纽约州、罗德岛州和佛蒙特州）正式启动运行。

新泽西州在 2011 年 12 月第一个履约期结束后短暂地退出了 RGGI，并于 2020 年重新加入，弗吉尼亚州于 2021 年加入 RGGI。目前，纽约州是排放总量最大的 RGGI 成员州，其次是 2020 年加入的弗吉尼亚州。RGGI 成员州均通过立法或者行政指令的形式制定了各自的减排目标，并与 RGGI 总体减排目标保持一致（2050 年减排 80%，人均排放量低于 2 吨）。

（一）机制建设

1. 覆盖范围

目前 RGGI 的控制目标仅针对二氧化碳排放，未涉及其他类型的温室气体。管控覆盖的实体范围为成员州内利用化石燃料发电且装机规模达到一定门槛的企业。大部分成员州的企业准入门槛为单台装机容量超过 25 兆瓦。纽约州较为特殊，该准入门槛为 15 兆瓦。截至目前，共有 257 家控排企业的 818 台发电机组纳入 RGGI 碳市场管控范围。其中纽约州的控排企业数量最多，达到 87 家。其次为新泽西州的 44 家和弗吉尼亚州的 27 家（见图 4-19）。

碳市场覆盖实体的排放量占成员州电力行业排放总量的比重始终在 82% 以上，其中 2020 年 RGGI 控排企业的实际排放量为 6681 万吨，约占电力行业总排放的 84%（见图 4-20）。根据 ICAP 的统计，RGGI 各成员州中来自电力行业的排放约占总排放的 19%，因此可以估算得到 RGGI 碳市场覆盖的排放量占成员州总排放的 16% 左右。

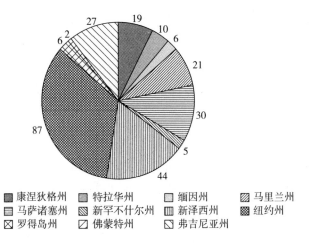

图4-19 RGGI各成员州的控排企业数量

资料来源：RGGI。

图4-20 RGGI控排企业的年度排放量

资料来源：RGGI、EIA。

2. 配额发放

2022年RGGI覆盖的排放总量为1.05亿吨二氧化碳当量，约占所在管辖区温室气体排放总量的16%。具体配额总量随着减排力度的加大以及成员州的增减而变化。根据2012年第一次项目回顾（Program Review）制订的方案，由9个成员州共享的配额总量上限将从 2014 年的 9100 万吨降至 2020 年的 7820 万吨，年递减速率为 2.5%。新泽西州 2020 年重新加入（新泽西州是创始成员州，但在 2012 年退出了 RGGI）使 10 个成员州共享的配额总量增加至 9620 万吨。根据 2016 年第二次项目回顾设计的配额轨迹，9 个成员州 2030 年的配额总量将在 2020 年基础上减少 30% 至 5470 万吨，而随着新泽西州和弗吉尼亚州的加入，2030 年的配额总量被设置为 8690 万吨。图 4-21 展示了 RGGI 历年的配额总量的州际分布。

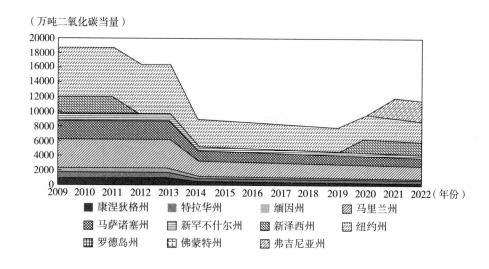

（万吨二氧化碳当量）

图例：
- 康涅狄格州
- 特拉华州
- 缅因州
- 马里兰州
- 马萨诸塞州
- 新罕不什尔州
- 新泽西州
- 纽约州
- 罗德岛州
- 佛蒙特州
- 弗吉尼亚州

图 4-21 RGGI 历年的配额总量的州际分布

资料来源：RGGI。

在 2014 年之前，RGGI 碳市场的配额拍卖量一直高于控排企业实际排放量，造成碳市场的供过于求和碳价低迷，2009～2013 年的供需比（实际排放量/配额供给）长期在 70% 以下，2013 年甚至降至 52.5%。2012 年监管部门发现了配额供给过多造成市场价格低迷的问题，并对市场规则进行修改完善。在 2013 年发布的更新版示范规则（Updated Model Rule）和市场回顾建议（Program Review Recommendations Summary）中，2014 年的配额总量由原计划的 1.49 亿吨下降 45% 至 8254 万吨，并在此后各年以每年 2.5% 的速率递减。此外，为了对冲前期过度发放配额导致的结余存储的影响，2014～2020 年的配额发放量还需要扣减

2014 年以前两个履约周期剩余配额的逐年摊销量。根据 2017 年第二次市场回顾的评估建议，2021~2025 年的配额发放量也将因市场参与者持有的存储配额而下降，预计每年为此减少 1900 万吨。图 4-22 展示了 RGGI 历年的配额发放总量。

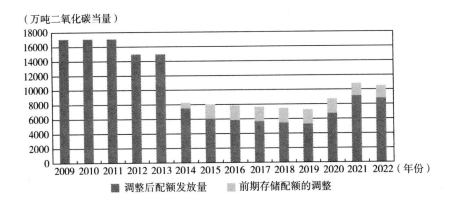

（万吨二氧化碳当量）

■ 调整后配额发放量　　■ 前期存储配额的调整

图 4-22　RGGI 历年的配额发放总量

资料来源：RGGI。

此外，出于对早期减排努力的奖励，RGGI 碳市场主管部门在 2009 年初向控排范围内主动减排的企业一次性授予了 240 万吨早期减排配额（Early Reduction Allowances，ERAs）。

除了部分预留用于专项计划以外，配额全部通过统一价格、单轮密封投标的线上公开拍卖形式进行发放，出清价格为配额拍卖供给与配额拍卖需求匹配的最低价格。每次拍卖都设置了保留底价，配额拍卖成交价须高于该价格，否则流拍。2022 年的保留价格为 2.44 美元/每份配额（见表 4-5）。当配额拍卖成交价高于 CCR 确定的价格上限时，成本控制储备中的配额将会额外向市场开放。拍卖每个季度举行一次，在 World Energy Solutions 公司的拍卖平台上进行，在纽约梅隆银行进行结算，控排企业和市场投资者都可以参与，控排企业每次拍卖最多可以申购当次拍卖 25% 的配额数量，市场投资者为 10%。

表 4-5　2022 年的季度拍卖安排

拍卖总轮次	拍卖日期	保留价格（美元/份）	拍卖供应量（份）	成本控制储备量（份）
55	2022 年 3 月 9 日	2.44	21，761，269	11，611，278

续表

拍卖总轮次	拍卖日期	保留价格（美元/份）	拍卖供应量（份）	成本控制储备量（份）
56	2022 年 6 月 1 日	2.44	22, 280, 473	11, 611, 278
57	2022 年 9 月 7 日	2.44	22, 404, 023	11, 611, 278
58	2022 年 12 月 7 日	2.44	22, 233, 203	11, 611, 278

资料来源：RGGI。

通过拍卖的形式进行配额初次分配，有效地发现了配额的市场价格基础，并且利用拍卖收入支持应对气候变化的技术投资与居民补助。根据 RGGI 发布的市场监测报告（Annual Report on the Market for RGGI CO2 Allowances），94%的碳排放配额通过拍卖的形式进行发放，截至 2023 年底，RGGI 共举行了 62 轮成功的配额拍卖，累计分配碳排放许可权 13.68 亿份，拍卖收入为 71.6 亿美元。其中，2023 年的收入为 12.65 亿美元。部分拍卖收入被返还至各州，各州可以根据各自的具体目标自行决定如何投资收益。2023 年 6 月 27 日，RGGI 发布的 2021 年投资收益报告（Investment of RGGI Proceeds in 2021）指出，2021 年 RGGI 收益中有 3.74 亿美元投资于能源效率、清洁和可再生能源、温室气体减排等项目。这些投资预计将为家庭和企业节省 12 亿美元的能源费用，并减少 440 万短吨的二氧化碳排放。

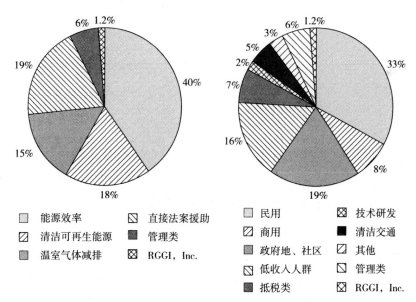

图 4-23　RGGI 配额拍卖收入流向的项目类型和实体部门

资料来源：RGGI。

3. 市场稳定机制

为了应对前期配额的过量供给，自 2014 年起 RGA 配额拍卖的数量会根据碳市场当前结余配额量进行调整（Interim Adjustments for Banked Allowances）。这在某种程度上类似于欧盟的市场稳定储备机制（MSR）所起到的效果，通过减少新增拍卖供给的方式来缓解碳市场存量配额的供过于求，从而提振市场信心并确保碳价维持在合理的水平之上。截至目前，RGGI 共发起了三轮针对结余配额的拍卖调整计划，具体情况如表 4-6 所示。

表 4-6　RGGI 针对结余配额进行拍卖供给的调整计划

配额调整计划	第一个履约期结余配额调整计划	第二个履约期结余配额调整计划	结余配额第三次调整计划
制定依据	2012 年第一次项目回顾方案	2012 年第一次项目回顾方案	2016 年第二次项目回顾方案
结余配额的来源时间	2009~2011 年（第一个履约期）	2012~2013 年（第二个履约期中的前两年）	2014~2020 年
结余配额总量（万吨）	5740	8220	9550
调整配额拍卖供给的时间	2014~2020 年	2015~2020 年	2021~2025 年
配额拍卖的年均调整量（万吨）	820	1370	1910

资料来源：RGGI。

除类似于 MSR 的折量拍卖计划以防止配额供给过多对市场造成冲击以外，还有两种储备控制机制通过地板价和天花板价对碳价波动进行限制，分别为 CCR（Cost Containment Reserve）和 ECR（Emissions Containment Reserve）。

CCR 在总量控制以外设置了一个额外的配额储备池，当碳排放配额的一级市场拍卖结算价超过预设上限时，CCR 将会以上限价格向控排企业出售。2022 年的上限价格为 13.91 美元，此后每年按照 7% 的通货膨胀率递增（见表 4-7）。CCR 储备池的配额供给也有上限，2014 年为 500 万吨，2015~2019 年为 1000 万吨，2021 年以后为当年 RGA 配额总量上限的 10%。

表 4-7　触发 CCR 的上限价格

年份	2018	2019	2020	2021	2022	2023	2024
价格	$ 10. 25	$ 10. 51	$ 10. 77	$ 13. 00	$ 13. 91	$ 14. 88	$ 15. 92
年份	2025	2026	2027	2028	2029	2030	
价格	$ 17. 03	$ 18. 22	$ 19. 50	$ 20. 87	$ 22. 33	$ 23. 89	

资料来源：RGGI。

截至 2023 年底已经进行的 62 轮拍卖中，共触发了 4 次 CCR 机制，分别为 2014 年 3 月的第 23 轮、2015 年 9 月的第 29 轮、2021 年 12 月的第 54 轮和 2023 年的第 62 轮拍卖，共计向市场投放成本控制储备 2449 万份储备配额。其中，2014 年和 2015 年的 1500 万吨 CCR 储备全部售罄，表明该阶段市场对配额的需求较为旺盛。

从 2021 年开始，ECR 机制正式实施。当碳排放配额严重供过于求，导致市场价格跌至预设的价格下限后，ECR 将会以下限价格从二级市场回购流通中的碳排放配额，回购的数量上限为当年配额总量的 10%。2022 年的下限价格为 6.42 美元，此后每年按照 7% 的通货膨胀率递增（见表 4-8）。截至 2022 年底，并非所有的成员州都执行了 ECR 机制，缅因州和新罕什布尔州暂未执行。

表 4-8　触发 ECR 的下限价格

年份	2021	2022	2023	2024	2025
价格	$ 6	$ 6. 42	$ 6. 87	$ 7. 35	$ 7. 86
年份	2026	2027	2028	2029	2030
价格	$ 8. 41	$ 9	$ 9. 63	$ 10. 30	$ 11. 02

资料来源：RGGI。

4. 履约周期设计

以三年为一个履约周期，履约截止时点为最后一年的年底。目前 RGGI 正处于第 5 个履约周期，时间区段为 2021 年 1 月至 2023 年 12 月。前四个履约周期的时间区段分别为 2009~2011 年、2012~2014 年、2015~2017 年、2018~2020 年。

在前两个履约周期，控排企业只需要在履约截止日前提交与过去三年实际排放量相等的配额即可完成履约，无须在履约周期的前两年提交配额。从第三个履约周期开始，过渡期履约控制计划要求控排企业需要在三年履约周期中的前两年分别清缴对应年份50%的排放量配额，剩余的排放量则在最后一年完成全部清缴。对于未能及时足额完成履约的控排企业，其需要缴纳3倍当前碳价的罚款，并且各州还会有进一步的处罚。

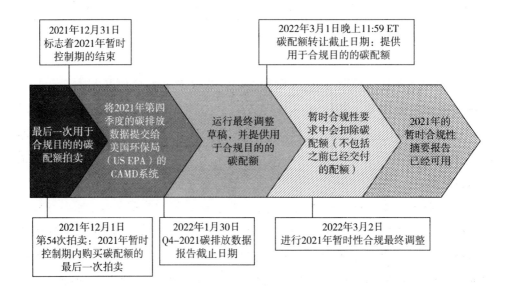

图4-24　履约周期的时间安排

注：暂时性合规并不需要进行合规性认证。

资料来源：RGGI。

配额的拍卖获取、市场交易、自愿注销和履约清缴均通过 RGGI COATS（RGGI CO$_2$ Allowance Tracking System）系统进行登记注册，任何市场参与者（控排企业和投资者）均需要在 RGGI COATS 设立账户。

RGGI 的 MRV 管制较为严格，要求控排企业在每个季度结束后的30个工作日内提交装机容量大于25兆瓦发电设施的排放数据。企业在提交排放数据报告的同时，还需要按照美国环保署（US Environment Protection Agency，US EPA）的规定（40 CFR Part 75）说明自身如何确保数据质量的准确和真实，并说明原始数据的保存情况。根据"二氧化碳预算交易计划"（CO$_2$ Budget Trading Program）法规和美国环保署法规，控排企业的排放数据将记录在美国环境保护署（US EPA）的清洁空气市场部（Clean Air Market Division）数据库中。然后数据会自动传输到公开可用的 RGGI CO_2 排放量跟踪系统（RGGI COATS）的电子平台，从而向公众进行公示，接受社会监督以提高数据透明度，保证数据质量与真实性。

5. 灵活履约机制

区域温室气体倡议（RGGI）是康涅狄格州、特拉华州、缅因州、马里兰州、马萨诸塞州、新罕布什尔州、新泽西州、纽约州、罗得岛州、佛蒙特州和弗吉尼亚州之间的一项合作努力，旨在限制和减少电力部门的二氧化碳排放量。RGGI 由每个参与州的单独的二氧化碳预算交易计划（CO_2 Budget Trading Program）组成。各州基于 RGGI 设立的示范规则（RGGI Model Rule）独自确立本州的配额分配与履约规则，从而对州内火力发电厂的二氧化碳排放进行限制。各州的配额之间具有履约与交易的同质性，控排企业可以使用来自本州或其他州的配额来完成履约，获取方式主要为区域拍卖和二级市场交易。

RGGI 以三年为一个履约周期，为控排企业购入所需配额提供了较为宽松的时间灵活性。在不同的履约周期，RGGI 允许配额的跨期储存，即当期结余配额的未来使用，但不允许预借未来配额用于当前履约。此外，为了防止前期结余配额过多造成后续履约期市场供过于求的状况发生，RGGI 在 2013 年的第一次市场回顾中确认了根据结余配额量调整后续拍卖供应量的政策机制，有效地对冲了前期配额供给过量的影响。

为了有效地激励碳市场覆盖范围之外的减排实践活动，并为碳市场控排企业提供低成本的履约手段，RGGI 允许控排企业使用经认证的碳信用进行履约清缴。RGGI 对碳信用签发的原则为真实性、额外性、可验证性和永久性。经过第二次项目回顾的调整后，目前可用的碳抵销信用项目必须来自于成员州内的非控排实体范围，并且项目类型也限制在以下三种：①垃圾填埋场甲烷捕获与销毁；②因重新造林、改善森林管理或避免转变而造成的碳封存；③避免农业粪便管理作业产生的甲烷排放。

相对北美的其他碳市场而言，RGGI 对于信用抵销的规定较为严苛。根据规定，RGGI 允许控排企业在 3.3% 的比例范围内使用碳信用进行履约清缴。RGGI 严格的碳抵销规则和信用签发限制抑制了碳信用的广泛使用，自 2009 年启动以来仅成功签发了一个项目，碳信用在履约清缴中的使用比例仅为 0.01%。所有的州均允许使用碳信用进行清缴抵销，但马萨诸塞、新罕什布尔、罗德岛和弗吉尼亚不进行碳信用签发。

（二）交易产品

在美国的 RGGI 碳排放交易体系中，期货交易甚至早于现货出现。原因在于，所有的初始排放配额都是通过州政府拍卖来发放的，这就可能产生价格风险，需要风险管理工具。

芝加哥气候期货交易所（CCFE）在 2008 年 8 月推出了基于 RGGI 的期货合约的交易。此外，CCFE 还于 2009 年推出了"碳排放权金融工具—美国期货"（CFI-US）期货。2010 年 4 月 30 日，洲际交易所（ICE）与气候交易所集团（CLE）达成协议，ICE 以每股作价 7.5 英镑收购气候交易所集团（CLE）所有股份。CCFE 作为 CLE 的子公司，也被并入洲际交易所。从 2012 年 2 月 28 日起，CCFE 已经没有剩余的持仓，所有合约已经退市。

1. 交易场所、品种及方式

RGGI 主要通过拍卖的形式进行配额的一级市场发放，在 COATS Transfer 系统实现配额现货的二级市场交易，在 ICE、NODAL 等交易所实现碳排放配额期货、期权等衍生品交易。现货和期货交易组成的二级市场对于控排企业而言极其重要。一方面，二级市场为控排企业在季度拍卖的间歇期内获得配额提供了重要途径；另一方面，二级市场的价格信号对于一级市场拍卖和企业低碳减排投资都极具指导意义和锚定价值。

RGA（RGGI CO_2 Allowance）的二级交易市场包括实物配额和金融衍生品的交易，其中金融衍生品主要为期货、远期和期权。无论是一级交易还是二级交易，RGGI CO_2 配额跟踪系统（RGGI CO_2 Allowance Tracking System，COATS）负责完成相关交易的登记与清算。此外，为了促进市场流动性和提高市场透明度，RGGI 配额跟踪系统允许投资者查阅或下载 RGGI 的排放报告以及交易报告。

截至 2023 年 9 月，RGGI 碳排放配额相关的碳金融衍生品中，成交最为活跃的是来自 ICE 的碳期货合约，其次是来自 NODAL 的碳期货合约，碳期权和拍卖价格期货合约的持仓整体较少（见图 4-25）。其中，ICE 碳期货合约在交割日前的持仓量超过 8700 万吨，NODAL 期货合约在交割日前的持仓量约为 2000 万吨，ICE 碳期权买方在行权日之前的持仓量约为 780 万吨。

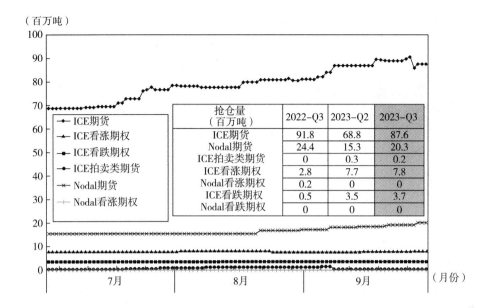

（百万吨）

抢仓量 （百万吨）	2022-Q3	2023-Q2	2023-Q3
ICE期货	91.8	68.8	87.6
Nodal期货	24.4	15.3	20.3
ICE拍卖类期货	0	0.3	0.2
ICE看涨期权	2.8	7.7	7.8
Nodal看涨期权	0.2	0	0
ICE看跌期权	0.5	3.5	3.7
Nodal看跌期权	0	0	0

- ICE期货
- ICE看涨期权
- ICE看跌期权
- ICE拍卖类期货
- Nodal期货
- Nodal看涨期权

7月　　　8月　　　9月　　（月份）

图4-25　RGGI碳排放配额相关金融衍生品的持仓情况

注：1百万吨＝1000张合约。

资料来源：RGGI。

2. 合约设计

RGGI碳市场的期货合约共有2类，其中RGGI Futures（Regional Greenhouse Gas Initiative Futures）是主要衍生于RGA碳排放配额的二级市场交易，RGGI ACP（Regional Greenhouse Gas Initiative Allowance Auction Clearing Price）则衍生于RGA碳排放配额的一级市场拍卖（见表4-9）。

表4-9　RGGI碳排放配额的期货合约设计

合约名称	RGGI Futures	RGGI ACP Futures
底层标的	不同履约年份的配额	当期配额的季度拍卖成交价
报价单位	美元	
合约乘数	1000吨/手	1份RGGI Futures合约/手
最小变动单位	0.01美元/吨	
最后交易日	交割月内的倒数第三个交易日	当季配额拍卖结果公布前一天
交割月份	未来五年的每个月都有到期合约	季月合约，三、六、九和十二

续表

合约名称	RGGI Futures	RGGI ACP Futures
交割方式	物理交割	转为 RGGI Futures 头寸
交割日期	最后交易日的第二天	与最后交易日相同
交割标准	特定履约年份及之前年份的配额	当前履约年份的 RGGI Futures 合约
下单方式	市价指令、限价指令、停价指令	
涨跌幅限制	无	
交易模式	T+0	
保证金要求	浮动保证金比例	

资料来源：ICE。

3. 市场参与主体

RGGI 碳市场允许投资者参与交易，只需要满足一定的准入条件并在 RGGI COATS 系统注册法人账户即可。除了将市场参与者简单地分为投资者和控排企业以外，部分控排企业出于对碳资产价格走势的看好，也会采购并持有远超自身履约所需的配额，进行远期价值投资，他们因此也被称为有履约义务的投资者（见图 4-26）。

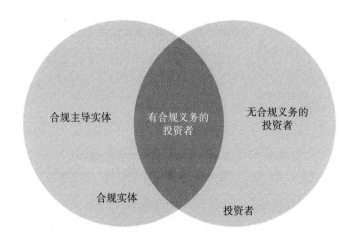

图 4-26 RGGI 碳市场参与者

资料来源：RGGI。

根据 RGGI 发布的 2022 年市场监测报告（2022 Annual Report on the Market for RGGI CO2 Allowances），2016~2022 年的每次配额拍卖平均能吸引 60~70 个市场参与者进行报价，其中申购配额占比在 3% 以上的参与者平均为 23 个。对 2022 年的拍卖参与情况进行细分后可以发现，每次拍卖平均有 48 个控排企业申购者和 22 个投资者申购方（见图 4-27）。

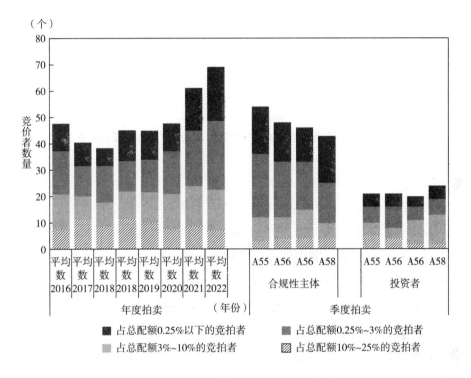

图 4-27　RGGI 一级市场拍卖的参与情况

资料来源：RGGI。

截至 2022 年底，控排企业持有的 RGA 配额总数为 1.42 亿吨，其中的 6800 万吨来自当年的一级市场拍卖，3400 万吨为当年从二级市场购置，3900 万吨为过去年份所结余。可见一个稳定、有序且具备一定流动性的二级市场能有效地满足控排企业灵活履约的需求。根据该统计报告，2022 年底市场流通的配额中另有 7600 万吨由投资者持有。2022 年投资者群体共计通过配额拍卖购入了 2300 万吨配额，约占当年拍卖总量的 26%。其中绝大部分拍得的配额在二级市场上被出售，当年投资者群体通过二级市场净售出 2500 万吨 RGA 配额（见图 4-28）。

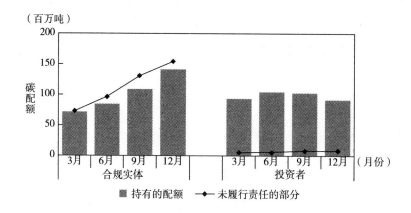

图 4-28　不同市场参与者手中持有的配额以及承担的履约义务

资料来源：RGGI。

根据 CFTC 的报告，衍生品市场上的参与者通常可以分为生产贸易商（Producer/Merchants）、掉期做市商（Swap Dealer）、资产管理机构（Money Manager）以及其他（Unspecified）。其中碳市场控排企业参与衍生品市场主要是为了对冲所持有配额或所负担履约义务的碳价格风险，因此其对应的参与者类型为生产贸易商。根据具体参与目的，碳市场投资者在 CFTC 报告中的类型可以划分为掉期做市商和资产管理机构。由图 4-29 可知，碳市场控排企业在 2022 年碳排放配额期货中的头寸以多头为主，表明 2022 履约年度的配额需求较大，新冠疫情暴发引起的经济下滑和能源需求下降已得到显著缓解。

（三）市场交易

从一级市场表现来看（见图 4-30），RGGI 的配额供给在 2010～2012 年出现过剩，导致拍卖中存在大量配额未能以保留价格以上的价格出售，该阶段拍卖成交价也长期在低位徘徊，不足 2 美元/每份配额。其中 2011 年第三季度的拍卖中，配额供给量为 4405.46 万份，然而实际拍卖成交量仅 748.7 万份，其余配额均流拍（见图 4-30）。自 2012 年的项目回顾与完善（Program Review and Recommendation）针对配额过量供给的问题进行调整后，RGGI 一级市场整体恢复供需平衡，拍卖成交价格稳步回升，并且出现了 4 次配额供不应求触发价格上限和

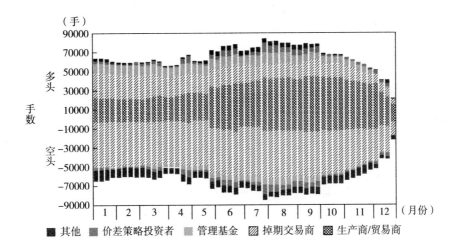

图 4-29 2022 年不同类型市场参与者的 RGA 碳期货头寸分布

注：1 手 = 1000 份碳配额。

资料来源：RGGI。

CCR 额外供应。在 2023 年 12 月的第 62 轮拍卖中，计划供给的 2209 万份配额全部售罄，且售出 557 万份的 CCR，成交价格达到价格上限 14.88 美元/份。

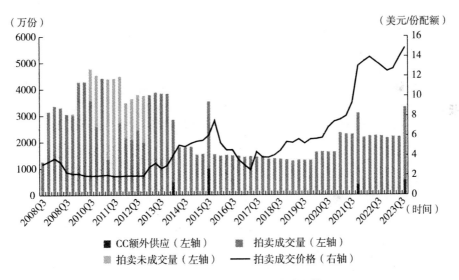

图 4-30 RGA 一级市场的季度成交情况

注：RGGI 的每份配额代表一短吨，与通用的公吨之间的换算比例为 0.907。

资料来源：RGGI。

从二级市场表现来看，RGA 的期货交易量远高于现货交易量，可见期货市场的发展有效地为碳市场注入了流动性，提升了碳价格的发现效率并为企业履约交易提供市场深度。在首个履约控制期间，面临碳排放配额严重供过于求，碳价持续低迷且市场不活跃，RGGI 对初始配额总量设置进行了动态调整，并出台清除储备配额、建立成本控制储备机制，以及设置过渡履约控制期等若干配套机制以稳定碳市场。通过以上动态调整机制，RGGI 一级市场碳排放配额拍卖价格和竞拍主体数量开始稳步双双回升，二级市场活跃度也明显提高。2021 年 RGA 的市场成交量和成交价格都大幅上涨（见图 4-31），反映出疫情后经济复苏对化石燃料和能源的巨大需求。

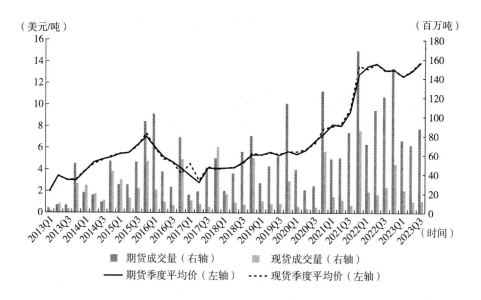

图 4-31　RGA 现货与期货的二级市场季度成交情况

资料来源：RGGI。

在 RGGI 这一相对成熟的北美碳市场，履约截止日前的交易集聚现象也非常显著，交易量在每年的第四季度达到峰值，随后于次年的第一季度陡然下降。从现货交易的日度统计结果来看（见图 4-32），履约截止日前的交易集聚特征更加明显。2021 年 12 月 29 日现货市场成交量达到 4246.3 万吨，占 2021 年全年成交量的近一半。然而值得注意的是，履约截至日前的碳价并未出现剧烈上涨，原因或许在于期货市场起到了市场稳定器的作用。由于交易活跃、成交量大、信息博弈充分，期货市场所揭示的远期碳价格为现货市场提供了合理、稳定的价格预期和风险对冲手段，有效地抑制了现货市场的非理性交易。

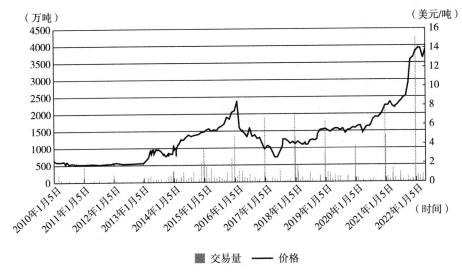

图 4-32　RGA 现货的日度成交情况

资料来源：RGGI。

自 RGGI 碳市场启动以来，成员州整体的排放水平下降了超过 50%，两倍于美国全国的平均减排幅度。此外，通过配额有偿拍卖，RGGI 计划获得了超过 40 亿美元的资金用于应对气候变化的投资和对脆弱社区的补助。

（四）实施效果

根据 2023 年 11 月 RGGI 发布的减排效果报告 *CO2 Emissions from Electricity Generation and Imports in the Regional Greenhouse Gas Initiative：2020 Monitoring Report*，RGGI 成员各州内，与电力生产相关的排放总量自 2009 年碳市场启动以来持续下降（见图 4-33）。尤其是纳入控排范围的发电机组，2018~2020 年排放量较 2006~2008 年下降 6784 万吨，下降幅度达到 54%，与此同时排放强度也由 0.73t. CO_2/MWh 降至 0.47t. CO_2/MWh[①]。

---

①　此为"九州 RGGI 区域"数据。"九州 RGGI 区域"（RGGI-9）包括特拉华州、康涅狄格州、缅因州、马里兰州、马萨诸塞州、新罕布什尔州、纽约州、罗德岛州和佛蒙特州。新泽西州于 2020 年恢复参与 RGGI，恢复了"十州 RGGI 区域"（RGGI-10）。

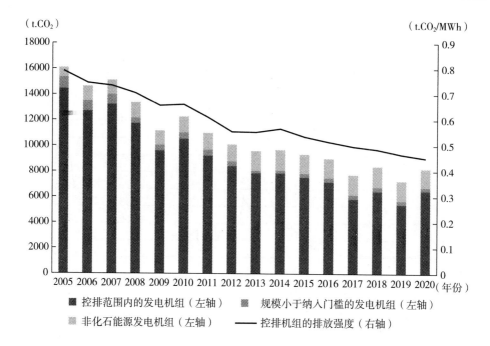

图 4-33　RGGI 成员州内电力部门的排放量

注：2005～2019 年为"九州 RGGI 区域"数据，2020 年为"十州 RGGI 区域"数据。

资料来源：RGGI。

　　但需要注意的是，非化石能源发电机组，以及规模较小而未被纳入控排范围的化石能源发电机组的排放总量并未出现明显下降。生物质资源发电可以替代以化石燃料为主的部分电力，并且避免等量生物质在有氧条件下弃置或腐烂产生甲烷排放，从而减少温室气体的排放。RGGI 碳市场的兴起有力地推动了生物质等非化石能源发电方式在成员州内的普及应用，非化石能源发电产生的二氧化碳排放从 2008 年的 1215 万吨增至 2018 年的 1633 万吨。

　　小规模发电机组排放量的降幅为 23%，远低于控排范围内发电机组的降幅，表明 RGGI 碳市场或许存在碳泄漏（碳排放由控排范围内的机组转移到控排范围外的机组）。碳泄漏方面更重要的是区域泄漏，由进口电力所产生。如图 4-34 所示，控排范围内发电机组的电力生产占比从 2005 年的 46.4% 降至 2020 年的 34.1%，与此同时净进口电力在电力消费总量中的占比从 2005 年的 12.6% 增至 2020 年的 22.2%。

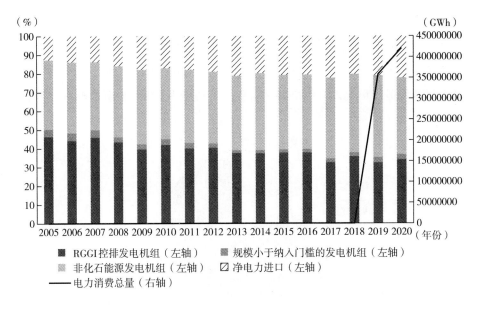

图4-34 RGGI成员州的电力消费总量及发电结构

注：2005~2019年为"九州RGGI区域"数据，2020年为"十州RGGI区域"数据。

资料来源：RGGI。

二、加州碳市场（CCTP）

加州碳市场（California总量控制与交易Program）是西部气候倡议（Western Climate Initiative）最核心的部分，源起于美国西部多个州对于气候变化问题的行动倡议。

西部气候倡议最初由美国西部的亚利桑那州、加利福尼亚州、新墨西哥州、俄勒冈州、华盛顿州五个州于2007年发起成立，其后逐渐发展壮大，吸纳了蒙大拿州、犹他州以及加拿大的安大略省、马尼托巴省、不列颠哥伦比亚省、新斯科舍省和魁北克省。2008年9月23日，它明确提出建立独立的区域性排放交易体系方案，目标是到2020年该区域的温室气体排放量比2005年降低15%。碳排放交易体系于2012年开始在WCI各成员州启动运行，每3年为一个履约期，涉及5个排放部门：电力、工业、商业、交通以及居民燃料使用，覆盖的排放量占WCI区域内温室气体排放量近90%。

截至2022年底，西部气候倡议的成员地区运行着四个碳市场：加利福尼亚州、魁北克、新斯科舍和俄勒冈。覆盖的年度配额总量约为 4.26 亿吨，约占这四个地区温室气体排放总量的 71.3%，其中加利福尼亚州碳市场覆盖的排放总量为 3.3 亿吨，占到 WCI 内配额总量的 77%（见图 4-35）。因此，对于加州碳市场机制建设与运行情况的介绍能够很大程度上代表 WCI 碳市场的现状。

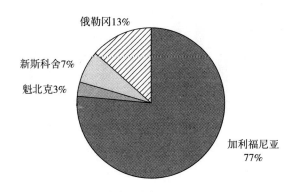

图 4-35　2022 年西部气候倡议（WCI）体系下各州碳市场覆盖的排放量

资料来源：ICAP2022 年全球碳市场年度报告。

（一）机制建设

加利福尼亚州早在 2006 年便通过州层面的《全球变暖解决方案法》，法案明确在 2050 年时将加州的碳排放规模压降到 1990 年的 20%。2007 年，加利福尼亚州与亚利桑那州、华盛顿州、新墨西哥州和俄勒冈州联合发起西部气候倡议（Western Climate Initiative，WCI），协议成员各自执行独立的总量管控和排放交易计划，包括制定逐年减少的温室气体排放上限，定期进行配额拍卖、储备和交易，以及排放抵销机制。此后，加利福尼亚"总量控制与交易"体系（Cap and Trade Program，CTP）在加州空气资源委员会（California Air Resource Board，CARB）的指导下逐步建立，2008 年制定强制报告规范（MRV），2009 年制定行业覆盖范围，2011 年建立配额限制与计算的办法，2012 年办法正式生效并启动运行。

加州碳市场于 2012 年启动运行后，每 3 年为一个履约期，目前已经历 3 个完整履约期，正处于第 4 个履约阶段。碳市场覆盖的主要排放部门为电力、工业、交通运输及建筑业，覆盖的排放量占加州区域内温室气体排放量近 90%。

根据现有立法（AB 32、AB 197 和 AB 398）的要求，CARB 必须至少每五年更新一次"加州气候变化范围规划"（California Climate Change Scoping Plan），并且必须向立法机关的各个委员会和董事会提供年度报告。加州气候变化范围规划展示了实现气候目标的最新进展，并制定了实现这些目标的战略，包括在该州的气候减缓组合方法中不同项目的作用和努力程度。

2021 年 1 月，加州碳市场为了平抑市场价格的波动，通过配额价格控制储备的形式引入了价格上限和下限设置。此外，更严格的信用抵销机制（不允许未产生直接环境效益的碳信用使用）和更快的配额总量递减速率（与加州更新的 2030 年减排目标保持一致）也于同一时期被引入碳市场。2021 年 5 月，CARB 启动了《气候变化范围规划》的更新修订，致力于更有效地推动加州气候目标的实现，即 2030 年减排相较于 1990 年减排 40%（SB32 法案所规定），2045 年实现碳中和（B-55-18 行政命令所规定），预计该修订将于 2022 年完成。

1. 覆盖范围

第一阶段覆盖的行业包括制造业中的水泥、玻璃、氢气、钢铁、铅、石灰制造、硝酸、石油和天然气系统、石油精炼、纸浆和造纸，以及发电、电力进口、其他固定燃烧。在第二阶段，行业覆盖范围得到了扩展，天然气供应商、用于含氧化合物混合（即汽油混合原料）和馏分燃料油（即柴油燃料）的重新配制混合原料供应商、加利福尼亚的液化石油气供应商和液化天然气供应商也被纳入管控。此后的第三阶段和第四阶段行业覆盖范围没有发生变化。

在上述行业范围内，每年排放量高于阈值 25000 吨二氧化碳当量的设施将接受碳市场的强制管控。其中包括每年从特定电力来源进口 25000 吨二氧化碳当量或更多的电力供应商（即进口电力可以连接到具有已知排放因子的特定发电机）。此外，所有从未指定来源进口的电力（即进口电力无法连接到特定发电机的情况下）均被视为高于阈值，并应用默认排放因子。

除强制纳入管控的设施或实体以外，企业也可以选择志愿加入碳市场接受管控。年排放量低于 25000 吨二氧化碳当量当属于上述覆盖行业的设施可以自愿被纳入控排企业。选择加入的实体须遵守适用于强制纳入实体的所有程序，包括报告、验证、执行、注册和合规义务。最终，大约有 330 个注册的覆盖/选择加入实体，这些实体代表大约 500 个已注册的排放源/设施。

2. 配额发放

加州碳市场目前的配额总量约为 3.3 亿吨，占加州温室气体总排放的 74% 左右（见图 4-36）。

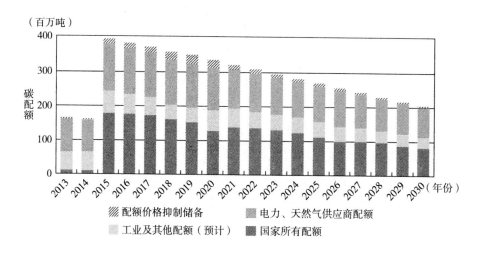

（百万吨）

碳配额

配额价格抑制储备　电力、天然气供应商配额

工业及其他配额（预计）　国家所有配额

图 4-36 加州碳交易计划的总量路径

资料来源：CARB。

第一阶段（2013～2014 年）：从 2013 年的 1.63 亿吨降至 2014 年的 1.6 亿吨，年递减速率约为 2%。

第二阶段（2015～2017 年）：随着覆盖行业范围的增加，第二阶段初配额总量升至 3.95 亿吨，此后以 3.1% 的年度速率递减，降至 2017 年的 3.7 亿吨。

第三阶段（2018～2020 年）：2018 年的配额总量为 3.58 亿吨，此后以 3.3% 的速率递减至 2020 年的 3.34 亿吨。

第四阶段（2021～2024 年及以后）：按照计划，2021～2030 年年度配额递减量为 1340 万吨，约合 4% 的年度递减速率，配额总量将最终在 2030 年降至 2 亿吨。

每年发放的配额主要分为四类：第一类是用于平抑价格异常波动的成本控制储备。第二类是为了降低碳成本对居民生活影响而发放给电力和天然气供应商的配额，这部分配额随后以委托拍卖的形式在加州季度配额拍卖中被销售，并将其收入用于补偿社区居民的能源成本上升。第三类是为了防止碳泄漏而免费发放给制造业的配额。第四类即剩余的配额，全部以有偿拍卖形式发放。

加州碳市场配额的发放方式既有免费分配又有有偿拍卖，免费分配中包括基准法分配、委托拍卖分配。

免费发放中，最主要的分配方案是基准法。该方法主要针对工业设施，以尽量减少潜在的碳泄漏。对于大部分工业设施而言，其免费获得配额数量取决于特定产品的基准排放水平、近期的产品产量、配额总量上限的调整系数和基于碳泄漏风险评估的辅助系数。

CARB 根据每个特定工业部门的排放强度和贸易暴露程度，将碳泄漏风险分为"低""中"和"高"风险等级。在第一阶段，无论制造业设施的泄漏风险是多少等级，辅助系数都为100%以帮助其逐步适应碳市场的管控。对于具有中等泄漏风险的设施，原规定要求在第二阶段将辅助系数降至75%，在第三阶段降至50%。对于泄漏风险低的设施，则在第二阶段将援助系数降至50%，在第三阶段降至30%。然而，2013 年 CARB 对"限额与交易条例"的修订将这些辅助系数的下降推迟了一个阶段。而 2017 年通过的 AB398 法案，则进一步修改了辅助系数的下降轨迹，要求到 2030 年之前辅助系数始终保持在100%，理由是碳泄漏风险仍然很高且容易危害产业健康发展。因此出于防止碳泄漏和保护本土产业竞争力的考虑出发，目前制造业仍然可以 100%地获得免费配额，但制造业的配额量也需要与配额总量的下降趋势保持一致。此外，公共用水提供商、大学、公共服务设施以及 2018~2024 年的垃圾发电设施也能免费获得配额。

另一种免费发放配额的形式是委托拍卖，目前该形式主要运用于公用事业供应商中。免费分配给公用事业企业的所有配额需要在加州的定期季度拍卖中委托出售。配额拍卖按季度进行。拍卖收益可以弥补用户电价的增长和投资低碳项目与清洁能源的发展。具体而言，发电企业不能获得免费配额，需要从一、二级市场购买，而输电企业可以将获得的免费配额全部出售。这样做既可以平抑电价，也促进了电力行业的清洁转型。

2021 年，加州发放的配额总量中约有 62%是通过拍卖获得的，其中包括 CARB 拥有的配额（约37%）和公用事业委托拍卖的配额（约25%）。截至 2023 年底，加州碳市场通过配额拍卖共计筹集资金 269.75 亿美元，其中 2021 年的拍卖收入为 39.9 亿美元。这些收入被投入温室气体减排基金（Greenhouse Gas Reduction Fund）或用于补贴居民的公用设施支出（Utilities for Ratepayer Protection），其中的35%被用于帮助脆弱和贫困社区适应气候变化，其余资金则投资于减缓气候变化的行动。此外，拍卖未售出的配额将从流通中移除，直至连续两次拍卖结算价高于最低价后才将逐步以拍卖形式放出。但是，如果这些配额中的任何一个在24个月后仍未售出，它们将被放入CARB的价格上限储备。迄今为止，通过这一规定已将3700万吨原本指定拍卖的配额置于储备中。

加州配额发放有相应的调节机制。在需求低迷时期，将季度拍卖中未售出的配额从市场上移除，并在需求较高时重新投入。24个月后仍未售出的配额，将退出流通市场，作为价格调节储备份额。如图4-37，受政策不确定性影响，2016年2月至2017年2月连续五次季度拍卖认购不足，但覆盖行业的排放量并没有减少，其配额购买需求仍然存在。在接下来的两年里，这些未售出的配额逐渐投入拍卖，使2017年和2018年配额拍卖收入增加。尽管如此，仍有大约3700万份碳配额未售出，转为价格调节储备份额。2020年受新冠肺炎疫情影响，经济活动放缓使排放量减少，5月和8月有3200万份配额未售出。

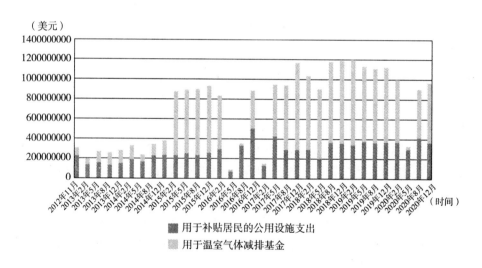

图4-37 加州碳排放配额拍卖收入的流向

资料来源：CARB。

3. 市场稳定机制

加州碳市场设置了拍卖底价，2022年为19.7美元/吨，此后的拍卖底价以每年 5% 的速度逐年提高，基本符合全美物价的上涨速度。

加州碳市场通过配额价格控制储备（Allowance Price Containment Reserve，APCR）设置了软性价格上限 46.05 美元/吨和硬性价格上限 72.29 美元/吨，该价格上限同样以每年 5% 的通货膨胀速度递增。当上一季度的市场拍卖结算价达到软性价格上限的 60% 时，将触发 APCR 的定价销售以平抑市场价格的剧烈涨幅。此外，在每年履约时点之前的第三季度，也会额外增加储备配额的定价销售以满足控排企业的履约需求。而当 APCR 消耗殆尽，控排企业仍存在履约缺口时，则会启动硬性价格上限的直接购买。控排企业可以购买价格上限单位（Price Ceiling Units，PCUs），以完全满足其仍存在的履约缺口配额需求。销售最高限价单位的收入将用于购买真实的、永久的、可量化的、可验证的、可执行的额外减排量。

4. 履约周期设计

以三年为一个合规周期，合规周期的履约截止时点为最后一年的年底。每年的履约时点为 11 月初（或之后的第一个工作日）。除了合规期的最后一年，控排企业必须在次年履约时点前提交相当于已核实排放量 30% 的配额用于履约。在合规期最后一年，控排企业需要在次年履约时点提交与该合规期内剩余排放量相符的配额。

未能在年度履约时点前或合规期结束时提交足够配额以清缴其已核实温室气体排放量履约义务的控排企业将被自动评估为未及时履约企业，它将因此受到三倍的惩罚。如仍未能完成补偿清缴的控排企业，则将因违反《加州健康与安全法》第 38580 条而受到重大经济处罚。

加州碳市场规定，大多数排放量达到或超过每年 10000 吨二氧化碳当量的排放者都需要进行年度排放报告。此外，他们必须为报告程序和报告的数据建立内部审计、质量保证和控制系统。排放数据报告及其经营基础数据的报告需要接受独立的第三方核查，第三方核查机构需要经过 CARB 的准入许可。

5. 灵活履约机制

加利福尼亚州碳市场于 2014 年 1 月与魁北克省的 ETS 建立了连接。2018 年 1 月与安大略省的 ETS 建立起连接，但此后 2018 年年中安大略省的碳交易系统停止运营，市场连接也随之终止。

加州碳市场允许富余配额在一定比例范围内储存。该比例限制取决于各年配额总量，并且逐年递减。对于更有效地完成履约义务的控排企业，它们的配额储存限制比例可以获得一定程度上的放松。

配额的预借是不允许的，每个碳排放权配额都与特定的履约阶段相关联。举例来说，每次拍卖都会提前放出一些未来三年的配额，这些配额被提前发放并可用于交易，但这些未来年份的配额不能用于当前履约，只能用于未来限定年份的履约。

碳抵销机制的引入不仅有利于降低碳市场控排企业的履约成本，同时也有助于促进控排范围之外的减排实践，并具备改善生态环境、防范山林火灾、净化水源等生态价值。加州碳信用的签发由 CARB 主管，目前共有六种碳信用的项目类型，包括美国森林项目、城市森林项目、畜牧项目（甲烷管理）、消耗臭氧层物质项目、煤矿甲烷捕获项目、水稻种植项目。签发的过程受到严格监管，不仅需要填报一系列格式文件，还需要由有资质的第三方核查机构对项目实施过程的减排效果进行验证核查。最终，只有满足真实性、可计量、永久性（对于造林项目需要大于 100 年）、额外性的减排量可以被签发。

由 CARB 或其他与加州碳市场建立连接碳市场的主管部门所签发的碳信用均可用于加州碳市场的信用抵销。值得注意的是，为了确保环境完整性，加州的信用抵销机制纳入了买方责任原则。特指由于重复计算、过度签发或监管不合规而导致信用抵销无效，此时控排企业需要用有效的合规工具代替无效的抵销信用。

比例限制方面，2013~2020 年管控实体可以使用碳信用来抵销自身 8% 的应缴配额。2020 年之后的抵销规则参照 AB 398，2021~2025 年为 4%，2026 年后增至 6%。除了对抵销的使用设置比例限制外，AB 398 还对信用类型设置了新的限制。从 2021 年起，抵销使用限制要求来自无法给本州提供直接环境效益（Direct Environmental Benefits to State，DEBS）的抵销项目不得超过总抵销数量的一半。位于加利福尼亚州的项目自动被视为提供 DEBS。根据所提供的科学证据和项目数据，在加州以外实施的抵销项目仍可能产生 DEBS。例如，加利福尼亚州以外的一个森林项目已被确定通过改善流经该州的水的质量来为加利福尼亚州带来利益。最近的监管修订规定了用于确定 DEBS 的标准。

（二）交易产品

加州碳市场交易的碳排放配额为 CCAs（California Carbon Allowances），其被定义为排放最多一吨二氧化碳当量的有限可交易许可权。加州碳市场的碳金融衍生品主要以 CCA 为底层资产，包括期货和期权。此外，由加利福尼亚空气资源委员会签发的碳信用产品 CCOs（California Carbon Offsets）也有相应的期货衍生品。以 2022 年 4 月 29 日 ICE 交易所的产品列表为例，目前共有 2 类 9 种与加州碳市场相关联的期权产品和 5 类 20 种碳期货产品。同类衍生品由于对应底层资产的履约年份（Vintage）不同而拓展至多种具体的衍生产品。

2012 年第四季度至 2014 年第三季度，加州碳市场配额的拍卖为本州独立进行。此后加州碳市场与魁北克碳市场建立起连接，因此在西部气候倡议组织（Western Climate Initiative，WCI）的统一组织和管理下进行联合拍卖，截至 2023 年底共进行了 37 次联合拍卖。碳排放配额、碳信用和碳金融衍生品主要在洲际交易所（Intercontinental Exchange，ICE）或芝加哥商业交易所集团（Chicago Merchant Exchange，CME）平台上进行交易。任何有资格进入 ICE 或 CME 的投资者都可以直接或通过经纪商进行交易。此外，市场参与者也可以在柜台交易（Over the Counter，OTC），但必须拥有履约工具跟踪系统（Compliance Instrument Tracking System Service，CITSS）账户用于登记注册系统完成交易结果的划转与清算。

加州碳市场现货交易的参与者主要包括强制控排企业、自愿控排企业、机构投资者、个人投资者、自愿减排项目注册方、经纪商。后面四种类型的市场参与者需要位于美国境内且满足一系列附加资格条件，同时要在 CITSS 中开立合法账户。

三、CCTP 与 RGGI 比较分析

（一）机制建设

两者的相同之处在于，RGGI 与 WCI 一样也是以州为基础成立的区域性应对气候变化合作组织，试图通过"总量控制与交易"的碳交易模式推动清洁能源经济创新与创造绿色就业机会，且主要以拍卖的形式进行配额发放（见表 4-10）。

表 4-10　北美两大碳市场的机制对比

	加州碳市场	区域温室气体行动
建立时间	2012 年	2009 年
覆盖行业	电力、制造业、交通运输、建筑业	电力

	加州碳市场	区域温室气体行动
排放覆盖	74%	16%
纳入门槛	年排放量大于25000吨	机组装机容量超过25MW
企业数量	330个	257个
配额总量	3.3亿吨	1.05亿吨
递减速率	每年4%	每年2.5%
减排目标	2030年较1990年减排40%，2045年实现碳中和	2030年在2020年基础上减排30%，2050年减排80%
配额发放	62%通过季度拍卖发放，其余免费发放以防止碳泄漏	94%通过季度拍卖发放，其余为定价销售
时间灵活性	允许配额存储，但不允许预借	允许配额存储，但不允许预借
市场稳定机制	配额价格控制储备（APCR）、价格上限单位（PCU）	结余配额定量调整（IABA）、成本控制储备（CCR）、排放控制储备（ECR）
市场连接	2014年与魁北克碳市场连接、2018年与安大略碳市场连接	RGGI各成员州的配额之间具有履约与交易的同质性
信用抵销	允许使用加州碳市场签发的碳信用清缴8%的履约义务	允许使用RGGI签发的碳信用清缴3.3%的履约义务
履约周期	三年为一个周期，前两年需清缴30%的配额，最后一年完成全部清缴	三年为一个周期，前两年需清缴50%的配额，最后一年完成全部清缴
违约惩罚	3倍碳价的罚款	3倍碳价的罚款

但不同的是，RGGI采取了更加保守的策略，仅将电力行业列为控制排放的部门，且发电设施纳入的排放门槛相对较高，导致RGGI覆盖范围内的排放量仅占该管辖区年度排放量的16%，远低于WCI各州的70%以上。

此外，RGGI与WCI最大的不同还在于RGGI的成员州让渡了更多的自主权，因而形成了统一碳市场，而不是各州独立建设自己的碳市场。各州采取措施限制发电厂的碳排放量以产生碳排放配额，然后将这些碳排放配额通过RGGI体系进行统一拍卖，受管控的发电厂可以购买来自11个参与州的碳排放配额，以达到对该州碳排放配额规定的要求。通过此种方式，这一体系将11个州的减排项目连接成一个协调、统一的区域性碳排放履约市场。

另外，RGGI对于MRV体系、信用抵销等执行更为严格的标准也是两者间的不同之处。

（二）市场交易

2020 年以来，CCTP 和 RGGI 碳配额价格和成交量走势整体较为一致，CCTP 碳配额价格和成交量始终高于 RGGI。从价格来看，两个市场价格不断上涨，CCTP 碳配额价格从 16.24 美元/吨涨到 35.63 美元/吨，涨幅 119%，RGGI 碳配额价格从 5.64 美元/吨涨到 14.01 美元/吨，涨幅 148%。从成交量来看，两个市场的成交量高峰均在 2021 年四季度，随后开始回落，且每年的成交量高峰均在四季度（见图 4-38）。

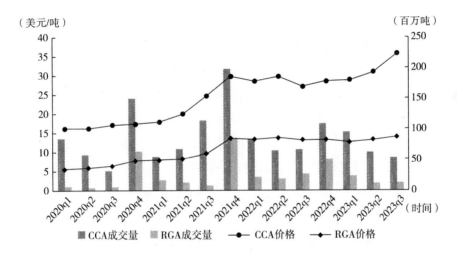

图 4-38　2020～2023 年 CCA 和 RGA 的现货季度均价和成交量

资料来源：RGGI 和 CARB。

第三节　欧美碳排放交易监管概况

一、欧盟碳排放交易监管

欧盟碳市场启动后，碳期货作为碳排放配额交易衍生品被明确纳入了金融监管体系。然而，当时欧盟碳现货市场的监管规定仅依托于2003年颁布的《欧盟碳市场基本指令》（Directive 2003/87/EC）中的零星描述，即现货市场由欧盟指定的中央管理机构（Central Administrator）对现货市场的交易日志进行监控，碳期货作为碳排放配额交易衍生品被明确纳入了金融监管体系。但由于碳现货市场没有受到欧盟层面金融监管规则的约束，因而欧盟面对配额盗窃、市场停摆和跨市场洗钱等行为而束手无措。

随着欧盟碳市场交易量大幅增长和市场交易复杂性增加，叠加碳现货监管缺失，2005~2011年碳现货交易金融风险事件频发。2008~2009年，配额被广泛用作增值税欺诈工具，欧盟各国查处的碳交易增值税骗税案件超过120起，税收损失达50亿欧元；2010年3月，欧盟某成员国将已经用于履约的170万吨CER再次在现货市场上出售，欧盟主要现货交易所因故暂停交易；2011年，黑客非法窃取他人账户总价值约为4500万欧元的碳排放配额，获取配额后将其迅速出售获利。由于买卖配额无须公开交易信息，不法分子得以在牟利后转瞬消失。在现货监管缺位的情况下，欧盟碳市场的参与者（包括履约企业、投资者、交易平台等）开发了许多类似于衍生产品性质的现货交易合约，如将碳现货包装成"超短期期货"，以此获得金融监管，营造市场秩序。

上述风险事件的发生主要源自以下几个因素：一是碳现货市场和场外市场尚未被纳入金融监管体系，存在市场监管漏洞。二是欧盟碳市场第一、第二阶段各成员国均有独立的注册登记系统，各系统之间的设计和安全标准不统一。三是欧盟各成员国市场监管主体不同，监管水平和监管技术存在差异。四是欧盟各成员国之间存在不同的增值税征收和退还方法，导致不法分子可以利用漏洞进行增值税诈骗。五是CER作为一种国际产品，在流通环节涉及与其他国家的交易对手相互衔接、结算等问题上，均以双方独立签订协议来完成，难以监管。

一系列碳现货金融风险事件，凸显出碳市场加强监管的紧迫性。2011年底，欧盟金融监管修订提案首次将碳现货纳入监管体系提上了议程。然而，如何对碳现货市场进行监管存在争议，一方面学界质疑碳排放权并非金融工具，另一方面企业和交易机构担心新的监管体系带来沉重负担。经过权衡后，欧盟委员会认为将碳现货纳入金融监管，相比单独开展碳现货监管更加行之有效。2014~2016年，主管部门对《金融市场工具指令》进行了修订。2018年1月，《金融市场工具指令Ⅱ》（MiFIDⅡ）正式实施，一起被适用的其他金融监管规则包括《反市场滥用指令》（MAD）、《反市场滥用监管规则》（MAR）、《反洗钱指令》（Anti-MLD）等，构建起碳现货、碳期货交易一体化监管。修订后的法规规定：明确将碳排放配额归类为一种可交易的金融工具，现货、拍卖、衍生品交易形成一体化监管。《金融市场工具指令Ⅱ》（MiFID Ⅱ）和《反市场滥用监管规则》（MAR）均适用于碳排放配额现货及其衍生品交易，包括 EU ETS 认可的其他配额，如瑞士碳市场发放的配额等。碳交易所需每周公开各类交易者持仓情况，并且每日向监管部门提供所有交易者持仓情况，此外企业需定期向所在国报告其碳交易信息。根据规定要求，在碳交易过程中机构或个人满足以自己账户执行客户指令、提供金融服务、从事投资活动、成为做市商或者采用高频交易等条件中的任何一项，就需要适用《金融市场工具指令Ⅱ》及相关金融监管的规则，包括需要申请金融牌照，遵循金融监管规则对其组织机构和运行等所有要求。随着监管要求的明确，交易信息公开的增强，欧盟碳市场受到了更为严格和成熟的制度监管。这些制度按照适用于欧盟碳金融市场的制度设计，为更为透明、活跃的碳市场交易提供了必要的法律基础，同时确保了市场的稳定性和完整性，碳市场交易中的金融风险事件有效减少（见图 4-39）。

图 4-39　欧盟碳市场统一金融监管

欧盟碳市场整体上实行三层监管模式（见图 4-40）：一是欧盟层面负责对一级市场的监管，欧盟委员会草拟出相关法律草案，交由欧盟理事会和欧洲议会通过后实施，在欧洲范围内具有法律效力和强制力，但指令不具有在各个成员国直接适用的效力，需要转换为各成员国国内法后实施，在欧盟层面由欧洲证券和市场管理局（ESMA）协调监管。欧盟委员会作为最高监管机构，主要承担法案的起草和执行等责任，在最高层面推进成员国法律，并对其他违法行为进行监管，包括拍卖行为、交易流向和交易量等欧盟碳市场的整体运行情况、防止市场滥用等违规行为，并向欧洲议会和欧盟理事会提交年度报告，同时提出提高碳市场透明度、改善市场表现等方面的建议。

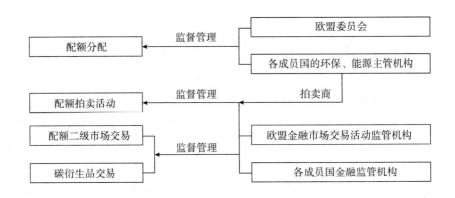

图 4-40　欧盟碳交易市场监管体系

二是各成员国负责对二级市场及碳金融衍生品的监管，每个欧盟成员国都需任命一个国家主管部门来确保其金融市场的正常运作，同时也负责监管碳市场，包括碳排放配额拍卖市场和二级市场，协同各国的环保、能源主管机构，负责并实施欧盟温室气体排放交易指令中的有关规定。以德国为例，其于 2004 年 7 月正式颁布《温室气体排放交易法》，并于 2005 年正式实施排放权制度；同时建立与排污交易相关的其他配套法规，形成了全面的碳市场法律体系和管理制度。德国政府还组建了专门管理排放权交易事务的国际级权威机构德国排放交易管理局（DEHSt），主要负责以市场化的方式来实施《京都议定书》，目标是让排放交易在环境与经济两方面都取得进展①。

三是交易所联合欧盟与各成员国环境保护部门和金融监管机构对市场交易行为的监管。通过分层监管模式，有效预防碳市场在不同层级可能出现的风险问题。

整体上，欧盟碳排放配额的初始分配主要是由欧盟委员会和各成员国的环保、能源主管机构监管。二级市场交易及衍生品交易由欧盟金融市场交易活动监管局和各成员国金融监管机构监管。配额有偿分配环节由成员国环保、能源主管

---

① 樊威. 德国碳市场执法监管体系研究［J］. 科技管理研究，2014，34（1）：189-192.

机构和金融监管机构联合监管（见表4-11）。

表4-11　欧盟一、二级市场监管主体与职责

市场	监管主体	职责
一级市场	欧盟	制订拍卖规则及年度拍卖计划、选择拍卖平台、披露拍卖结果信息、分配除已纳入收入管理计划外的拍卖收入
	各成员国	安排拍卖，监督拍卖的运行，并对拍卖收入进行使用安排
	交易平台	进行交易参与人的尽职调查（KYC），按照欧盟要求组织拍卖、维护拍卖过程的公平
	独立监管人	每期拍卖由独立监管人进行全程参与和监督，并在拍卖后出具评估报告
二级市场	欧盟	将二级市场现货交易和衍生品交易纳入欧盟整体金融法规进行监管，严格的准入制度和信息透明制度约束现货和期货交易，欧洲证券与市场监管局作为欧盟交易市场的主要监督者
	各成员国	各成员国金融监管机构对所在地的金融交易平台和交易参与的机构进行监督
	交易平台	指定交易规则，按照欧盟法规对交易参与者的行为进行监督管理，并提供有保障的清算服务
	场外市场	场外碳交易通过欧洲市场基础设施监管规则（EMIR）来约束，在2013年修改后增加了对碳场外衍生品的进场清算和保证金的相关要求

二、RGGI 碳排放交易监管

RGGI 碳排放交易的监管由 RGGI 公司、各成员州环保部门、美国商品期货交易委员会（CFTC）和第三方机构共同构成。RGGI 公司负责整个碳交易市场的总体运营和技术支持，但不承担真正的监管职责。各成员州环保部门是 RGGI 碳市场实际监管的实施主体，依据相关法规对辖区内控排企业的配额拍卖、MRV过程中的违规进行认定与惩罚。RGGI 各成员州虽保留了行使碳市场监督的权利，但实际监管工作由专门的第三方市场监控机构 Potomac Economics 进行，评估拍卖和二级市场中市场参与者的行为，识别潜在的反竞争行为并定期发布详细的RGGI 碳市场季度报告、年度报告，对碳市场参与者的交易模式进行统计分析，公布配额持仓和配额交易的集中度情况等。

Potomac Economics 为 RGGI 配额市场的竞争表现和效率提供独立的专家监控。包括：①识别在拍卖以及二级市场上行使市场支配力、串通或以其他方式操纵价格的企图；②就拟议的市场规则变更提出建议，以提高 RGGI 配额市场的效率；③评估拍卖是否按照通知的拍卖规则和程序进行管理。Potomac Economics 每季度为 RGGI 出具拍卖和二级市场的季度报告以及每年度 RGGI 市场评估报告。RGGI 碳市场监管职责划分如图 4-41 所示。

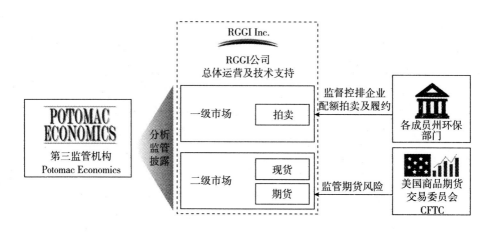

图 4-41 RGGI 碳市场监管职责划分

而 CFTC 监管 RGGI 期货、期权和掉期市场以及场外交易（OTC）市场的潜在金融风险。CFTC 在监管金融市场方面发挥着重要作用，为了防止某个交易商的头寸过大而操纵市场，CFTC 规定期货交易所的结算会员和期货经纪商每天必须向其提交持仓报告。如果没有 CFTC 的监管，RGGI 市场参与者可能会受到不法分子的欺诈，从而损害投资者、消费者和社会的利益。

第四节　本章小结

本章从碳排放交易体系机制建设、交易产品、市场交易等方面回顾了国际主要碳排放交易体系的运行情况。随着日益严峻的气候变化问题以及各国积极采取温室气体减排行动，碳排放交易体系已然成为一项减缓气候变化的重要政策工具。纵向来看，不断有更多国家将碳排放交易体系纳入政策考虑或已开始建设实施，现有运行中的碳市场在配额总量覆盖范围上也呈现扩大趋势。横向来看，不同国家或地区实施的碳排放交易体系在制度和政策设计上各不相同，因此也呈现差异化的市场交易情况。对当前国际主要碳排放交易体系建设与运行状况的回顾有助于为中国当前建设和运行中的试点和全国碳排放交易体系提供有益参考。

第五章　国际碳期货市场篇

第一节　国际主要交易所碳期货运行概况

目前国际上现有的碳期货市场主要以洲际交易所（ICE）和欧洲能源交易所（EEX）两家体量较大的交易所为主。ICE 和 EEX 为场内的碳期货品种开发了十分多样的合约，对同一交易标的的月度、季度以及年度合约进行组合而形成的复合合约机制在两大交易所的运作十分成熟。而在对同一标的不同碳期货交易所的选择上，交易者往往倾向于其中一家更为主流的期货交易所进行交易。例如，欧盟碳排放配额 EUA 的期货在 ICE 和 EEX 上均有上线，并且 ICE 和 EEX 中的期货合约设置较为相似，EEX 提供了更多针对于 EUA 的合约品种。然而，在 EUA 期货合约交易中占据主要地位的却是 ICE。2021 年 ICE 的 EUA 期货交易量为 100.5 亿吨，是 EEX 的 EUA 期货交易量的 15 倍之多。

针对在期货交易机制下出现的违规和操作风险，需要受到专业监管机构和研究机构的监视。欧盟碳期货、北美的 RGGI 以及加州—魁北克碳期货市场均采取了较为严格的监管和审查机制。欧盟碳期货市场的交易行为主要受到各成员国金融监管部门以及欧盟金融市场交易活动监管机构的监管。另外，RGGI 的碳交易整体由其所委托的第三方市场监控机构 Potomac Economics 进行总体监视和审查，而期货方面受到美国商品期货交易委员会 CFTC 的监管。相对于欧盟碳市场，RGGI 更加兼顾一体化和专业的监管体系。

第二节　洲际交易所（ICE）碳期货市场

一、ICE 碳期货业务发展历程

2005 年 1 月欧盟碳现货交易启动后，一批大型碳交易中心应运而生。其中欧洲气候交易所（European Climate Exchange，ECX）是快速推出碳期货产品的代表，早在 2005 年 4 月就上市了欧盟碳排放配额期货合约，并在 2006 年上市了欧盟碳排放配额期权合约。

这一时期，总部位于美国的洲际交易所（Intercontinental Exchange，ICE）正在迅速发展壮大，2007 年 1 月收购了纽约期货交易所（即现在的 ICE 美国分公司），2007 年 8 月收购了温尼伯商品交易所（即现在的 ICE 加拿大分公司），并通过为交易商提供便捷的电子交易平台，在期货交易所业务中占据了有利地位。2008 年，美国区域温室气体减排倡议（Regional Greenhouse Gas Initiative，RGGI）碳现货市场开市。ICE 随即推出了 RGGI 碳期货与期权合约，成为 RGGI 碳期货市场的主要交易场所。

2010 年，ICE 收购了欧洲气候交易所（ECX），把碳期货业务合并至 ICE 欧洲分公司中，并将其打造成为最具流动性的欧洲碳交易中心，吸引了超过 80% 的欧盟碳排放配额（EUA）和碳减排指标（CER）交易量。ICE 至此成为全球最大的碳期货交易平台，并保持这一地位至今。2020 年，ICE 的 EUA 期货成交量达到欧盟碳期货成交量的 94%（见图 5-1）。除了碳排放配额期货外，ICE 还于 2022 年推出了 NBS 自愿碳减排量期货合约（Nature-Based Solutions Carbon Credit futures contracts），于 2023 年推出了 CORSIA 合格排放单位期货（CORSIA Eligible Emissions Units Futures），不过成交量均较小。

二、ICE 欧盟碳期货业务

（一）碳期货合约设计

在交易单位设置上，ICE 各个碳期货合约均采用了 1 手为 1000 个碳排放配额

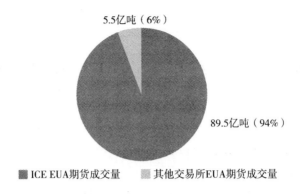

图 5-1 2020 年欧盟碳期货分交易所成交量

资料来源：洲际交易所（ICE）、德国排放交易管理局（DEHSt）。

的规定。在欧盟碳配价格约 80 欧元每吨的情况下，单个合约价值达到约 50 万元人民币。相比 ICE 其他商品合约碳期货合约的价值处于中间水平。

一般而言，交易单位大小的设计应考虑投资者资金状况与结构。期货合约取得成功的标志是稳定且有规模的交易量，而支撑交易量的参与者主要是套期保值者和机构投资者，二者所持有的合约头寸占总量的比率在一定程度上能决定一份期货合约的运行质量。因此，如果行业内机构投资者多，合约交易单位可以设计得大一些；如果行业内中小投资者多，则合约交易单位可以设计得小一些。ICE 碳期货合约的价值处于适中的水平，可以较好地符合投资者的交易需求。

同时，交易单位大小的设计也应考虑投资者在相关期货品种间的套利交易需求。对于使用煤或油作为生产燃料的企业而言，存在使用煤、焦炭、原油、燃料油期货与碳排放配额期货套利交易的需求。ICE 期货合约中一手煤为 1000 吨，对应碳排放量约 2600 吨；一手原油为 1000 桶（137 吨），对应碳排放量约 410 吨。将碳期货交易单位设计为一手 1000 吨，和一手煤、一手原油产生的碳排放量处于相近的量级，也较好地满足了投资者套利交易的需求（见表 5-1）。

表 5-1 ICE 期货合约交易单位对比

品种	ICE 期货合约	
	交易单位	合约价值（人民币）
欧盟碳排放配额	1000 吨	约 50 万元

续表

品种	ICE 期货合约	
	交易单位	合约价值（人民币）
英国碳排放配额	1000 吨	约 50 万元
RGGI 碳排放配额	1000 吨	约 8 万元
加州碳排放配额	1000 吨	约 15 万元
原油	1000 桶	约 50 万元
煤	1000 吨	约 100 万元
黄金	100 盎司	约 100 万元
白银	5000 盎司	约 75 万元
棉花	50000 磅	约 25 万元
白糖	112000 磅	约 25 万元

资料来源：洲际交易所（ICE）。

注：表中价格参考 ICE 期货合约 2023 年 10 月份均价。

  期货合约报价单位是行情报价系统中显示的商品价格单位，该数值的设置既应符合现货市场习惯，也应便于投资者交易。ICE 欧盟碳期货的报价单位为欧元/吨，英国碳期货的报价单位为英镑/吨，RGGI 和加州碳期货的报价则为美元/吨。

  确定最小变动价位的大小，现货报价习惯是主要的参考依据。ICE 中欧盟碳期货、英国碳期货、RGGI 碳期货、加州碳期货的最小报价单位分别为 0.01 欧元/吨、0.01 英镑/吨与 0.01 美元/吨，与各碳市场配额现货的最小变动价位相同。

  ICE 碳期货合约不设最大价格波动限制。最低交易保证金遵循 ICE 欧洲清算所实时公布的规定，保证金及其折扣利率通过 ICE 清算所的风险模型计算得出并定期更新。例如：2021 年 12 月 3 日起生效的欧盟碳期货合约的应用保证金率为 7010 欧元/手（合 7.01 欧元/吨），接近 2022~2023 年欧盟碳排放配额价格的 10%。有研究表明期货合约的交易保证金控制在合约价值的 10% 以内，有利于促进市场流动性，提高资金的使用效率[①]。ICE 将碳期货合约保证金设定为接近合约价值的 10%，能有效促进碳期货市场流动性。

  ICE 碳期货合约月份设计如表 5-2 所示。

---

① 魏振祥. 商品期货产品设计 [M]. 北京：机械工业出版社，2017.

表 5-2　ICE 碳期货合约月份

ICE 碳期货合约	合约月份
欧盟碳期货	年度合约：每年 12 月，最近 7 年（截至 2021 年上市年度合约至 2027 年） 季月合约：最近 6 个季度（3 月、6 月、9 月、12 月） 连续月份合约：最近 1 至 2 个月
英国碳期货	年度合约：每年 12 月，最近 3 年 季月合约：最近 1 个季度（3 月、6 月、9 月、12 月）
RGGI 碳期货	连续月份合约：最近 12 个月（标准周期），以及交易所公布的其他时间
加州碳期货	连续月份合约：最近 12 个月（标准周期），以及交易所公布的其他时间

资料来源：ICE 官网。

　　碳排放配额的属性与工业品及农业品均有所不同，不存在保质期问题，不涉及季节性生产问题，碳排放额及减排量的供应具备连续性的特点。因此，国际上合约交割月份设计存在较大的灵活性。欧盟碳期货合约在交割日期设置上亦与工业品及农业品不同，同时包含了连续月份合约、季月合约以及年度合约三类。欧盟碳期货最近 1~2 个月的连续月份合约，可以为市场参与者短期套利、灵活周转提供便利，方便期货和现货市场的联动，大大增加交易机会，提高市场活跃度和流动性，拓宽服务实体产业的深度和广度。欧盟碳期货最近 6 个季度的季月合约，借鉴其他期货品种通行的离散设计，以 3 个月作为间隔，可为市场参与者提供较丰富的套期保值时间选择，考虑到碳市场履约以年为周期，季月合约已能够满足市场参与者的套期保值需求。欧盟碳期货年度合约则为市场参与者提供了更长时间套期保值的选择，欧盟碳市场年度履约时间为 4 月，年度合约则设计在距履约之前一段时间的每年 12 月。

　　欧盟碳期货合约交割月份设计与美国碳市场存在较大差异，欧盟碳市场提供的套期保值时间选择相对来说更为多样全面，而美国碳市场则仅提供连续月份合约。欧盟和美国均拥有较为成熟的碳现货市场，期货市场规模稳步扩大，法规体系不断健全，依法监管、合规运行的格局基本形成，为连续交易机制的推出奠定了坚实的基础。其中，欧盟碳市场起步更早，发展更为成熟，可以为投资者提供季度合约的交易机会。季度合约交易者需要留意各种履约日期，因为它们会影响到退出策略。到期日之前，交易者有三个选择：一是在到期之前平仓；二是从到期月起再往后延期，直到下个周期的到期月；三是让合约到期，进行交割，完成履约。用户可以通过创建合适的交易策略，开展跨品种交易，获取套利收益。但由于季月合约交易时间长，刚开始价格往往不能很好地反映现货的未来价值，波动较为剧烈，相对于现货价格基差较大，收益风险较大，对投资者的风险耐受程度和交易策略制定能力要求也更高。季月合约在到期日前转化为非季月合约，其价格会慢慢逼近现货。基于季度合约创建交易策略，欧盟碳市场可以为不同类型的期货市场参与者提供有效的交易机会，提升产业客户参与度，满足其投资偏好，提升市场活跃度，有助于形成平稳高效的碳衍生品市场，更有效地发挥相关期货品种价格发现、套期保值和避险功能。

（二）ICE 欧盟碳期货成交和持仓情况

1. 欧盟碳期货交易活跃

欧盟碳排放交易体系可分为一级市场与二级市场两个部分，一级市场为欧盟碳交易系统向市场通过拍卖或免费发放的方式投放欧盟碳排放配额（EUA）及欧盟航空业碳排放配额（EUAA），拍卖成交价为 EUA 现货的基准价格。欧盟通过拍卖的方式控制 EUA 总量的供给，也是碳排放配额价格中枢形成的基准。欧盟碳市场自 2026 年起不再发放免费配额，2030 年配额上限计划控制在 13 亿吨。二级市场为各参与方出于风险管理或其他交易目的，在交易所进行碳产品现货及衍生品交易，是一级市场碳定价基准的延伸，衍生品成交量整体上远高于现货成交量。欧盟碳市场采用总量交易模式，各成员国根据欧盟委员会颁布的规则，为本国设置排放上限，并确定纳入企业的范围，向纳入企业分配一定数量的 EUA。如果企业实际排放量少于规定上限，则可将剩余部分在碳市场出售，反之则需要在碳市场购买排放权（见表 5-3）。

表 5-3 欧盟碳交易期货、现货和拍卖市场对比

	主要交易市场	主要交易产品	时间维度	主要参与者
拍卖市场	欧洲能源交易所（EEX）	EUA、EUAA	多数成员国每周举行三次拍卖，德国、波兰每周举行一次拍卖	履约企业、投资机构、除履约企业外的非金融机构
现货市场	洲际交易所（ICE）、欧洲能源交易所（EEX）	EUA 日期货、EUA 现货（Spot）	以交易日为单位	履约企业、投资机构、除履约企业外的非金融机构

续表

	主要交易市场	主要交易产品	时间维度	主要参与者
期货市场	洲际交易所（ICE）	EUA 期货、EUAA 期货	以交易日为单位	履约企业、投资机构、除履约企业外的非金融机构

资料来源：洲际交易所（ICE）、欧洲能源交易所（EEX）。

如图 5-2 所示，欧盟碳市场活跃度高，期现货市场均保持着稳定的成交量和成交额。通过期现货交易数据对比可知，二级市场 EUA 期货成交量和成交额均远高于 EUA 现货，市场交易更为活跃，且呈现波动上升趋势。基于 EUA 期货量价走势，以 2008 年为分界线，2005~2008 年为边走边看行情，2008 年之后为走向成熟行情。2005~2008 年，EUA 期货价格大起大落，其中 2007 年期货价格出现一度跌至 0 的极端行情（见图 5-3）。此阶段的主要特征是配额可以交易但不能结转，配额总量过剩，且碳排放量下降不明显，市场前景不清晰。2008~2017 年，EUA 期货价格在 0~10 欧元/吨窄幅波动，此时的品种交易量有明显下降。此阶段的主要特征是配额可以结转和交易，配额总量减少但依旧过剩，碳排放量下降速度明显加快，市场关注度和投资者信心明显提振。2017~2021 年，EUA 期货价格震荡上升，品种交易量有小幅回升。此阶段的主要特征是配额总量减少，MSR 助推从过剩走向紧缺，拍卖比例大幅提高，期货价格大幅提升。

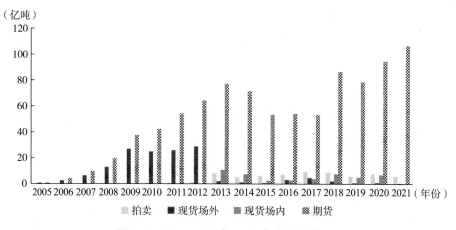

图 5-2　2005~2021 年 EUA 年成交量情况

资料来源：洲际交易所（ICE）、欧洲能源交易所（EEX）、德国排放交易管理局（DEHSt）、伦敦能源经纪人协会（LEBA）。

图 5-3　2005~2020 年欧盟碳市场配额价格

资料来源：根据公开资料整理。

2. 年度合约是主力合约

观察欧盟碳期货市场各类合约的成交和持仓情况可以发现，履约前一个月份的合约与未来 1~2 年的年度合约是欧盟碳期货市场的主力合约，近 1~2 月的连续月份合约有少量成交，而履约截止时间后的季月合约以及未来 3 年以上的年度合约成交量较低。

3. 各类市场主体数量逐年增加

EUA 期货交易参与者为排放履约企业、投资机构及除排放履约企业以外的非金融机构，参与目的为交易获利以及风险管理。欧盟金融工具市场法规规定，以交易获利为目的的衍生品交易净持仓量受到限额控制，以风险管理为目的的衍生品交易净持仓量不受限制。

2018 年以来，ICE 持有 EUA 期货头寸的所有类别市场主体的数量趋于增加。ICE 交易主体年均数量在 2018~2021 年增长了 87%。截至 2021 年 8 月，ICE EUA 期货合约参与最多的主体依次是基金和其他金融机构、履约企业和其他非金融机构以及投资机构。ICE 投资机构数量在 2018~2021 年增长了 133%，履约企业和其他非金融机构数量增长了 89%，基金和其他金融机构数量增长了 77%。ICE EUA 期货各类市场主体数量演变如图 5-4 所示。

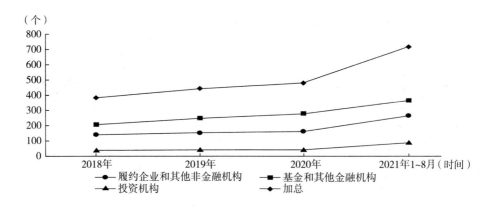

图5-4 ICE EUA 期货各类市场主体数量演变

资料来源：欧洲证券和市场管理局（ESMA）。

4. 履约企业持多头仓位

目前，EUA 期货多头持仓主体为排放履约企业及除排放履约企业以外的非金融机构（见图5-5）。2019 年 6 月至 2021 年 3 月，非金融机构的多头持仓量高于投资机构，履约企业的多头持仓量与期货价格呈相反趋势，除排放履约企业以外的非金融机构多头持仓量总体与期货价格呈相同趋势，投资机构多头持仓量较为平稳。

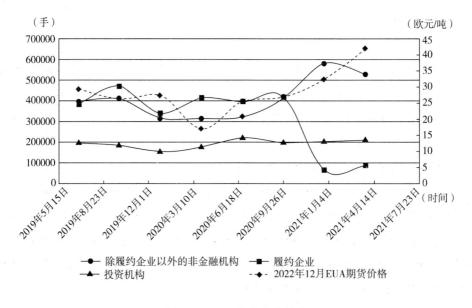

图5-5 EUA 期货多头持仓

资料来源：彭博社。

EUA 期货净多头为排放履约企业及除排放履约企业以外的非金融机构，净空头为投资机构。2019 年 6 月至 2021 年 3 月，履约企业净持仓量与期货价格呈相反的趋势，除排放履约企业以外的非金融机构的净持仓量与期货价格相关性并不显著。总体来看，以风险管理为主的非金融机构净持仓为多头，以交易获利为主的投资机构总体净持仓为空头（见图 5-6）。

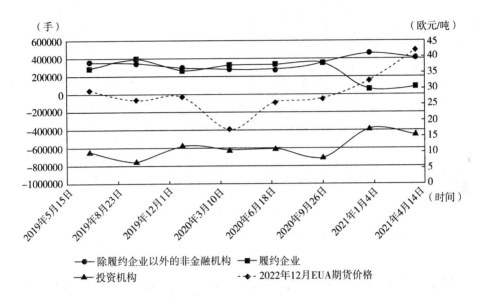

图 5-6　EUA 期货净持仓情况

资料来源：彭博社。

如图 5-7 所示，加总多头和空头仓位，得到 EUA 期货的未平仓仓位大致分为两个部分：一半的头寸由履约企业和其他非金融机构持有；另一半的头寸则由投资机构基金和其他金融机构持有。整体持仓情况大致符合市场预期功能，履约企业及非金融机构购买 EUA 期货对冲碳价格风险，金融机构作为中介机构促进交易，为市场提供流动性。

5. 市场成熟后碳价稳步上升

欧盟碳市场在过去的三个阶段和目前所处的第四阶段中运作良好（见图 4-51），EUA 价格的变化充分反映了影响碳排放配额供需关系的基本面因素的阶段性变化，并较好地为市场参与者提供及时有效的碳减排价格信号。

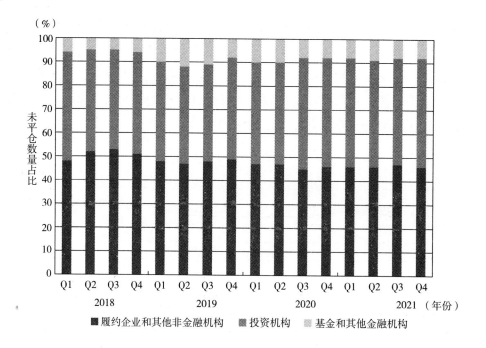

图 5-7 EUA 期货未平仓数量占比

资料来源：欧洲证券和市场管理局（ESMA）。

2022 年 2 月底以来，乌克兰危机爆发，随之而来的是欧盟碳市场的巨大动荡。2022 年 3 月初，欧盟碳市场经历史上最大跌幅，一度跌至 58 欧元/吨。欧盟碳市场投资机构和金融机构的广泛抛售导致了此次大跌，按照可能的影响程度排序，引发此轮抛售具体原因如下：一是碳市场投资者获利后的卖盘；二是乌克兰危机导致大宗商品价格暴涨，与之相对应的对冲基金保证金也相应提高，需要投资者补充，这部分资金可以从碳资产中取得；三是乌克兰危机波及区域投资者为囤积物资纷纷选择兑现获利了结；四是乌克兰危机导致欧盟地缘政治处于较为不稳定状态，资金大量外流；五是乌克兰危机致使短期内能源安全成为欧盟政策焦点，而气候政策可能退居其次，因此投资者对于欧盟气候变化政策预期降低。随着乌克兰危机逐渐缓和，焦点重新转向欧盟碳市场基本面，欧盟碳价将逐渐从暴跌中恢复过来（见图 5-8）。由于乌克兰危机造成的碳市场震荡逐渐减弱，欧盟碳价逐渐回升至 80 欧元/吨左右水平。

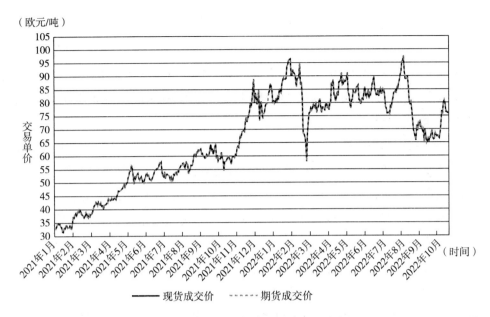

（欧元/吨）

图 5-8　2021~2022 年欧盟碳市场配额价格

资料来源：欧盟期货价格来源于洲际交易所（ICE），欧盟现货价格来源于欧洲能源交易所（EEX）。

三、ICE RGGI 碳期货业务

（一）RGGI 碳期货市场发展历程

区域温室气体减排倡议（Regional Greenhouse Gas Initiative，RGGI）碳市场于 2008 年开市，是以一级市场配额拍卖为主导的碳交易市场。企业在一级市场上竞拍购买了碳排放配额后，可以转售到二级市场。RGGI 的二级碳市场包括配额现货和期货、期权合约交易。其中，RGGI 的现货交易于 2009 年 1 月 1 日启动，配额现货交易直接在 COATS 中进行配额转让。RGGI 的期货交易甚至早于现货出现，芝加哥气候交易所（CCX）下属的芝加哥气候期货交易所（CCFE）在 2008 年 8 月便已经开始了 RGGI 期货交易。期货先于现货推出，不仅为控排企业和参与碳交易的金融机构提供了风险控制的工具，降低了碳市场设立之初的冲击，更重要的是期货的价格发现功能为碳现货初次定价提供了重要依据，降低了价格风险。期货合约允许交易双方协议在未来的特定时间点（称为"交割月份"）以一定的价格交换一定年份的固定数量的碳排放配额。在到达交割日时，卖方必须将合同规定的碳排放配额数量实际转移到配额注册中心的买方账户中。

一份标准期货合约等于 1000 吨 RGGI 碳排放配额。

由于洲际交易所（ICE）对 CCX 的收购，RGGI 在芝加哥气候期货交易所（CCFE）的期货交易于 2012 年 2 月终止，而后在洲际交易所（ICE）上线至今。目前，CME 旗下的 NYMEX 以及 NODAL 均上线了 RGGI 期货，但 ICE 仍是 RGGI 期货的主要交易场所。

碳期货市场为 RGGI 控排企业提供了以较低资金成本提前锁定履约成本、免受碳价上涨影响的一种途径。控排企业通常提前买入履约期前交付的期货合约，仅需每交付少量保证金即可购买 1000 吨的配额期货，在履约前再交付全款，如果在现货市场购买同样 1000 吨配额现货则要立刻付出数千美元。碳期货市场无疑减少了企业持有配额的资金成本，使企业能够将资金更有效地投入到其生产活动中去，而不会长时间沉淀在持有的碳排放配额中。

（二）RGGI 碳交易情况与价格走势

碳期货为 RGGI 碳市场吸引了更多的投资者参与交易，投资者通过参与 RGGI 一级碳市场拍卖获取配额，选取合适的时机以碳期货的形式出售，以期获取价差收益。

2011~2012 年，RGGI 碳市场配额大量过剩，碳期货的交易量很少。2013 年后期货逐渐成为 RGGI 二级市场的主要交易方式。2020 年，期货交易量达到 2.23 亿吨，为当年 COATS 现货交易量 0.86 亿吨的近 3 倍（见图 5-9）。2022 年期货交易量达到 4.5 亿吨，为当年 COATS 现货交易量 1.19 亿吨的 3.78 倍（见图 5-10）。

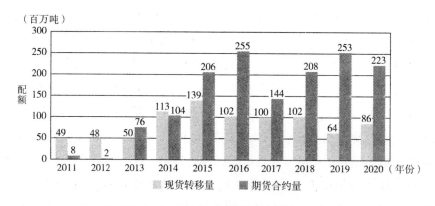

图 5-9　2011~2020 年 RGGI 碳市场现货与期货交易量

资料来源：区域温室气体减排倡议（RGGI）2008~2020 年度配额市场报告。

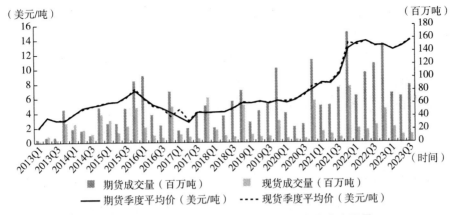

图 5-10　2013~2023 年 RGGI 碳市场现货与期货交易量

资料来源：区域温室气体减排倡议（RGGI）2013~2023 年二级市场碳配额季度报告。

RGGI 碳市场中期货价格、现货价格与拍卖价格长期保持高度的一致性。二级市场的配额期货价格和实物交易价格较一级市场配额拍卖的价格相差大都在 6% 以内，期货价格略高于现货价格和拍卖价格，表现为正向市场。但 2018 年以后配额期货低于现货价格，交易者对市场价格呈现出较低预期，表现为负向市场（见图 5-11）。

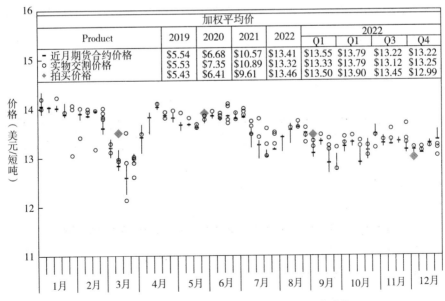

Product	加权平均价				2022			
	2019	2020	2021	2022	Q1	Q1	Q3	Q4
近月期货合约价格	$5.54	$6.68	$10.57	$13.41	$13.55	$13.79	$13.22	$13.22
实物交割价格	$5.53	$7.35	$10.89	$13.32	$13.33	$13.79	$13.12	$13.25
拍买价格	$5.43	$6.41	$9.61	$13.46	$13.50	$13.90	$13.45	$12.99

图 5-11　2022 年 RGGI 碳期货、现货与拍卖价格

资料来源：区域温室气体减排倡议（RGGI）2022 年度配额市场报告。

期货市场产生了连续的价格信号，更多投资者的参与加强了 RGGI 碳市场价格发现的能力，使价格信号更加真实、准确。控排企业在接收到了更加连续、有效的碳价格信号后，便可以根据碳价格制定相应的生产经营决策特别是减排方面的相关决策。

图 5-12 展示了二级市场的期货交易如何影响配额的所有权，并给出了配额所有权在两种度量方法下的变化。图 5-12 左侧部分表示 2022 年 1~12 月 RGGI 未平仓的期货合约数量。图 5-12 右侧部分表示 3 类企业的配额买卖情况，全部企业分为仅使用配额履约的企业、既需要履约也做配额投资的企业以及仅做配额投资不需要履约的投资者。可见，投资者是 RGGI 碳市场中净出售碳期货的主力，而控排企业是净购入碳期货的主力。

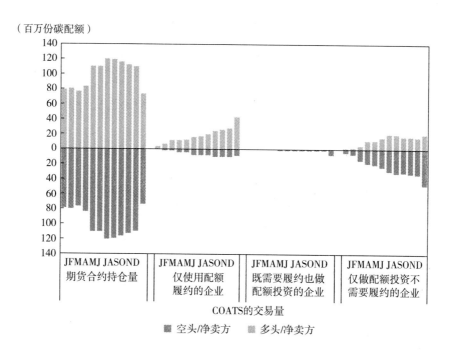

图 5-12　2022 年 RGGI 碳市场期货持仓净变化和碳排放配额净转移

数据来源：RGGI。

注：图中横坐标 JFMAMJ JASOND 为月份的英文首字母，分别表示 1 月到 12 月。

COT 报告中统计的是期货或期权持仓数量达到或超过 CFTC 规定报告水平的

20 个或更多的交易者的持仓头寸情况。COT 报告中将持仓头寸分为两大类，分别是报告持仓头寸和非报告持仓头寸。持仓头寸达到或超过 CFTC 限定水平的交易商头寸归类为报告持仓头寸，而非报告持仓头寸中统计的是一些小的交易者的头寸。报告持仓头寸的交易商分为商业交易商和非商业交易商两类。商业交易商主要是由银行和跨国公司组成，他们参与期货市场的目的是为了对冲如汇率、利率和证券等相关的风险。非商业交易商，主要由基金和专业交易机构组成。在商业交易商、非商业交易商和非报告持仓头寸三种类型中我们要关注的是非商业头寸情况，因为商业头寸参与市场的目的是为了对冲，短期的价格波动不会使他们调整头寸。而非商业头寸的目的则是为了获利，他们的头寸数量随时会根据市场的波动而变化，同时也会影响市场的走势。非报告持仓头寸则是一些小的交易者，一般很难引起市场大的波动。

在 CFTC 公布的 2023 年底 RGGI V2023 合约持仓结构数据中（见表 5-4），商业头寸（即 RGGI 控排企业）是期货交易中的主力，非商业头寸（投资机构、基金）则相对较少，而在 RGGI V2024 合约的持仓结构数据中（见表 5-5），两者持仓占比相差不多。

表 5-4　2023 年 12 月 12 日 RGGI V2023 合约持仓结构

RGGI V2023	非商业		商业		报告头寸合计		非报告头寸	
	做多	做空	做多	做空	做多	做空	做多	做空
持仓量	7167	9506	48363	45919	58267	58162	10	115
占比（%）	12.3	16.3	83	78.8	100	99.8	0	0.2

注：合计做多和做空头寸中，还包含价差套利头寸（spread），占比 4.7%。

资料来源：美国商品期货交易委员会（CTFC）。

表 5-5　2023 年 12 月 19 日 RGGI V2024 合约持仓结构

RGGI V2024	非商业		商业		报告头寸合计		非报告头寸	
	做多	做空	做多	做空	做多	做空	做多	做空
持仓量	19922	16658	15617	18969	35895	35983	112	24
占比（%）	55.3	46.3	43.4	52.7	99.7	99.9	0.3	0.1

注：合计做多和做空头寸中，还包含锁仓头寸（spread），占比 1%。

资料来源：美国商品期货交易委员会（CTFC）。

四、ICE 加州碳期货业务

（一）市场发展历程

加州碳市场于 2013 年启动，到 2017 年配额拍卖比例达到 70%，是以配额拍卖为主导的碳交易市场，大部分企业通过在拍卖中竞拍获得履约所需的配额。此外，企业间也可以在二级市场进行现货交易与期货交易。洲际交易所（ICE）是加州碳期货市场的主要交易场所。ICE 推出了对应不同年份配额的加州碳期货合约，交易单位为 1000 吨加州碳排放配额（CCA），在期货合约最后交易日尚未平仓的交易方，需在交割日交付对应年份的加州碳排放配额。

（二）加州碳市场期货情况与价格走势

加州碳市场是以配额拍卖为主导的碳交易市场。由于拍卖总量逐年下降，投资者参与市场的需求较高，期货市场成交量逐步提高（见图 5-13）

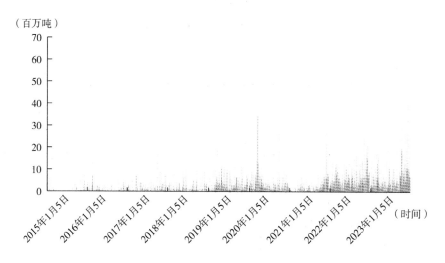

图 5-13　2015~2023 年 ICE 加州碳市场期货成交量

资料来源：彭博（Bloomberg）。

根据美国期货委员会（Commodity Futures Trading Commission，CFTC）发布的交易者持仓报告，既可将碳期货市场的参与者分为商业交易者和非商业交易者，也可细分为生产商/贸易商、掉期交易商、托管基金和其他投资者，其中有些投资者规模较小，达不到报告要求，统一统计为非报告头寸。生产商/贸易商通常为碳市场控排企业、自愿减排项目主等，掉期交易商是指进行掉期交易的投资者，托管基金主要来自金融市场中的对冲基金、私募基金、商品投资基金等。根据 2023 年 12 月 19 日发布的 2023 年第 51 周总结报告，ICE 上市的 CALIF CARBON23 合约共有 71384 手持仓，即 0.71 亿吨碳排放配额。如图 5-14 所示，空头持仓主要由其他投资者和散户以空头为主，多头持仓则以看好碳价持续上涨的控排企业和投资基金组成。

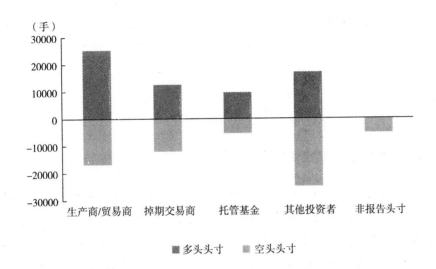

图 5-14　2023 年 12 月 19 日 ICE CALIF CARBON23 期货合约头寸分布

资料来源：CFTC。

第三节　欧洲能源交易所（EEX）碳期货市场

一、EEX 碳期货业务发展历程

欧洲能源交易所（EEX）是一家运营天然气、排放配额、煤炭和电力等大宗商品的交易平台。在排放配额交易方面，洲际期货交易所（ICE）是目前世界上碳成交量最大的期货市场，EEX 则是欧洲第二大碳交易平台，是一家将现货和期货结合为一体的交易所。和 ICE 比起来，EEX 无论是从交易规模，还是从交易品种、数量上来讲都要低很多。EEX 成立于 2002 年，随着 2005 年欧盟碳市场的启动，EEX 作为先驱者开发了 EUA 的现货交易市场。2007 年，EEX 推出了首个欧洲碳排放配额的期货合约，交易品种主要是碳排放配额和自愿减排量。

总体来看，EEX 是欧洲碳排放配额期货交易较为活跃的一个交易场所，但从交易量来看，2015 年之前其月均成交量为 6000～7000 手，甚至在部分交易日没有成交量，2015 年以后 EEX 碳排放配额期货成交量略有增长。2020 年春季受新冠肺炎疫情影响，价格大幅下跌，但交易量仍较大。截至 2021 年底，EEX 碳排放配额期货月度成交量大概在 4600 万吨（ICE 日均交易量大概在 3000 万吨），日均持仓 4000 万～5000 万吨。2018 年起，EEX 通过旗下公司 NODAL 引进了加州碳期货和 RGGI 碳期货及期权业务。除了自愿减排产品期货，CME 也推出了 CCA、RGGI 和 EUA 期货产品，但交易量很小。

二、EEX 欧盟碳期货合约设计

从合约的设计上来看，EEX 欧盟碳排放配额期货合约跟 ICE 有很多相同之处，同样是以欧盟碳排放配额为交易标的，交易单位均为 1000 EUA 一手，最小交易规模均为 1 手，报价单位均为欧元/吨，价格刻度均为 0.01 欧元/吨，在合约月份设置上也有类似的特点，系列合约均最多包含 2 份连续月份合约。此外，合约到期日、交易模式、结算价规定、交割方式也都保持一致。

EEX 和 ICE 期货合约设置的主要区别包括：在系列合约交割品种上限设置上，EEX 为最多 9 份年度合约、11 份季月合约，高于 ICE 最多 7 份年度合约、6 份季月合约。同一期限内 EEX 可提供给交易主体更多的交易品种选择，更具备交易灵活性。在合同保障的中央交易对手方上，EEX 旗下欧洲商品清算交易所（ECC）负责 EEX 集团交易所及合作交易所的清算和结算，ICE Clear Europe 负责 ICE 利率、股票指数、农业和能源衍生品的清算和风险管理服务。此外，交易时间和结算日规定也不同。

三、EEX 欧盟碳期货成交和持仓情况

（一）碳期货交易相对冷淡

以成交较为活跃的欧盟碳期货合约品种 DEC 22 为例分析，EEX DEC 22 合约

成交量远低于 ICE 成交水平。2022 年 1~2 月，EEX DEC 22 合约日均成交量为 94 万吨，而 ICE 为 2681 万吨（见图 5-15）。EEX 碳期货各类合约结算价与 ICE 保持一致。EEX 现有碳期货交易品种共 20 个，而 ICE 仅有 15 个。

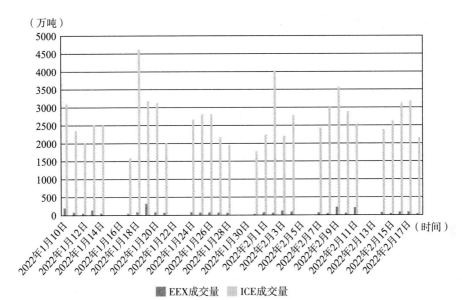

图 5-15　2022 年 1~2 月 EEX、ICE 欧盟碳期货 DEC 22 合约成交情况

资料来源：洲际交易所（ICE）、欧洲能源交易所（EEX）。

（二）年度合约是主力合约

EEX 欧盟碳期货各类合约的持仓量和成交量与 ICE 呈相似的数量规律。履约前一个月的合约与未来 1~2 年的年度合约是 EEX 碳期货市场的主力合约，近 1~2 月的连续月份合约、季月合约有少量成交，而履约截止时间后的季月合约以及未来 3 年以上的年度合约成交量较低。

（三）各类市场主体数量趋于增加

2018 年以来，EEX 持有 EUA 期货头寸的所有类别市场主体的数量趋于增加。EEX 交易主体年均数量在 2018~2023 年增长了 92%。截至 2023 年 12 月，EEX EUA 期货合约参与最多的主体依次是履约企业和其他非金融机构、投资机构（见图 5-16）。EEX 履约企业和其他非金融机构数量增长了 76%，投资机构数量增长了 150%。

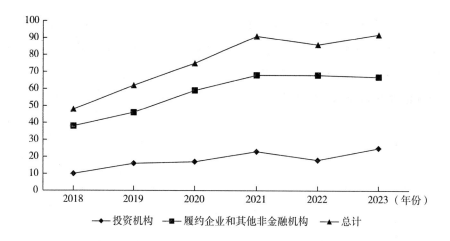

图 5-16 EEX EUA 期货各类市场主体数量演变

资料来源：欧洲证券和市场管理局（ESMA）。

（四）保证金要求相对灵活

EEX 期货合约的保证金设计来源于 ECC 采用的行业期货保证金标准的 SPAN 模型，并且每天对模型参数进行更新。EUA 作为抵押品或保证金抵免，可以用于降低 EUA 衍生品市场的初始保证金要求。保证金抵免仅计算 EUA 期货净空头头寸的等值信用价值。EUA 的信用价值上限为交易参与者总保证金要求的 20% 或清算会员定义的欧元价值。ECC 将通过使用当前市场价值并应用当前 30% 的适当削减来确定合格的保证金信用值，从而将提供的 EUA 作为保证金信用额度进行估值。

第四节 芝加哥商品交易所（CME）碳期货市场

一、CME 碳期货业务发展历程

基于国际航空碳抵销和减排计划（CORSIA），CME 和 Xpansive-CBL 交易所（CBL）合作，于 2021 年 3 月 1 日推出了 CBL 全球排放抵销期货（GEO）合约。

GEO 期货合约是一个基于市场的解决方案，可供跨部门和地理边界的参与者使用，以减少排放量和降低气候定价风险，为自愿碳抵销市场提供了第一个以实物结算、交易所交易的风险管理工具。GEO 期货合约是一种实物结算合约，允许从三个登记处交付符合 CORSIA 条件的自愿碳抵销信用：美国碳注册（ACR）、核证减排标准（VCS）、气候行动储备方案（CAR）。GEO 期货合约建立在国际民航组织和来自 19 个国家的碳专家组成的技术咨询机构（TAB）制定的严格选择标准和审查程序之上。国际民航组织和 TAB 花了数年时间制定了严格的筛选程序，以确定哪些抵销注册和项目类型符合 CORSIA 的条件。结果形成了一套标准，各行业的公司可以将其作为评估排放抵销项目和相关信用稳健性的指南。通过 GEO 期货合约，市场参与者可以确信他们收到的是一个可信的、可验证的排放抵销产品。

随着越来越多的公司将基于自然的抵销作为其个人气候战略的一部分，CME 自 2021 年 8 月推出基于自然的全球排放抵销（Nature-Based Global Emissions Offset，N-GEO）期货。购买基于自然的自愿碳抵销使企业能够为自然气候解决方案提供资金，同时过渡到更可持续的商业实践。作为创新型碳期货品种，该合约以符合条件的农业、林业和其他土地利用（AFOLU）项目的自愿补偿为基础，并附加气候、社区和生物多样性（CCB）认证，旨在为全球客户提供与减排相关的价格风险的标准化工具，帮助提高自愿碳抵销市场的透明度和效率，使公司和国家更容易实现碳减排目标。截至 2023 年 12 月 15 日已累计交易了 27380 份 N-GEO 合同，相当于超过 2783 万的环境补偿。

除了自愿减排产品期货，CME 也推出了 CCA、RGGI 和 EUA 期货产品，但交易量很小。

二、碳期货合约设计

GEO 期货合约将允许从国际民航组织批准的三个注册处交割 CORSIA 合格自愿抵销，即核证减排标准（VCS）、美国碳注册处（ACR）和气候行动储备方案（CAR）。期货合约在 CME Globex 电子平台进行交易，而大宗交易将通过 CME ClearPort 平台进行。CBL 将提供环境管理账户系统，给通过期货合约交割抵销信用提供便利，CBL 全球排放抵销期货合约规格如表 5-6 所示。

表 5-6　CBL 全球排放抵销期货合约规格

合约名称	CBL 全球排放抵销期货
合约代码	GEO
上市合约	本年度和未来 3 年的月度合约。当年 12 月合约交易终止后上市下一年的月度合约
合约规模	1000 份环境抵销
结算方式	可交割
交易终止时间	交易终止时间为合约月份前一个月的最后一个交易日
最小变动价位	0.01 美元
大宗交易最低限额	10 手
交易和结算时间	周日下午 6 点到周五下午 5 点（美中时间下午 5 点到下午 4 点），每日下午 5 点（美中时间下午 4 点）开始有 60 分钟休市

资料来源：芝加哥商品交易所（CME）。

　　总的来说，通过芝加哥商品交易所清算的期货合约提供了许多特性和功能，如降低交易对手的风险、用于合规目的的强大审计跟踪、高效的价格执行、接触更广泛的买卖双方以及透明的结算流程等。

三、GEO 和 N-GEO 期货交易情况

　　自 CME 于 2021 年 3 月 1 日推出 GEO 期货以来，整体交易价格呈现上升趋势，最低价在 2021 年 5 月达到了 1.92 美元/吨，在 2021 年 8 月以后上涨到了 7.5 美元/吨，并在 2021 年 11 月达到了最高 9.4 美元/吨的价格。此后出现大幅下跌的趋势，并在 2023 年 12 月下跌到 0.54 美元/吨。

　　从交易量方面来看，从 2021 年 3 月到 7 月的交易量较少，基本维持在 3 万吨以下。2021 年 8 月份开始交易量大幅上升，并且在最高点达到了 267 万吨左右。2021 年 9 月至 12 月的交易量比较稳定，维持在 35 万吨左右，并在 2021 年底达到了 82 万吨左右。2023 年 1 月至 10 月的交易情况低迷，维持在 17 万吨以下，但在 2023 年 11 月反弹到了 253 万吨左右（见图 5-17）。

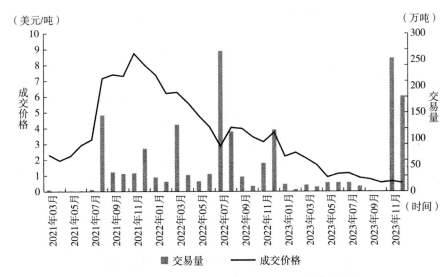

图 5-17　2021 年 3 月至 2023 年 12 月 GEO 期货交易情况

资料来源：TradingView 官网。

CME 自 2021 年 8 月推出 N-GEO 期货。从交易价格方面来看，整体呈现了上升趋势，从 2021 年 8 月的 7.38 美元/吨的价格逐步上升到 10 月的 9.78 美元/吨，并且从 2021 年 11 月开始大幅上涨，在 2022 年 1 月达到了最高点 15.24 美元/吨（见图 5-18）。

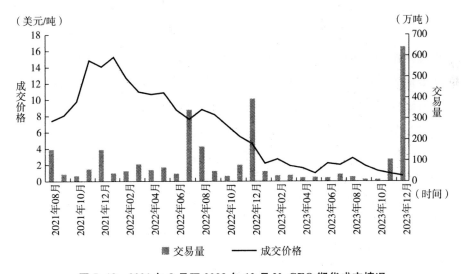

图 5-18　2021 年 8 月至 2023 年 12 月 N-GEO 期货成交情况

资料来源：TradingView 官网。

从交易量方面来看，N-GEO 期货仅在年中、年底的部分月份交易较为活跃，截至 2023 年 12 月 15 日，月内交易量已达 641 万吨。

从 GEO 期货和 N-GEO 期货对比来看，在交易量方面，GEO 期货在推出的前期交易量相对较小，而 N-GEO 期货在推出首月就达到了 151.7 万吨的交易量，比 GEO 期货的最高交易量 144.8 万吨还要高出大约 7 万吨；在价格方面，GEO 期货相对 N-GEO 期货价格较低。因此，投资机构和个人更加青睐 N-GEO 期货。

相对于 EUA、UKA、RGGI 等其他期货产品，GEO 和 N-GEO 的交易量还是与它们相距甚远，这主要与产品推出时间、市场的认可度等有很大关系。

第五节　国际碳期货市场经验借鉴

欧盟和美国 RGGI 碳市场均已开展十年以上的碳期货交易，总结其碳期货市场发展的各个阶段，可以得到以下经验与启示：

一、碳期货与现货市场可同步推进，相互协同促进

欧盟碳市场于 2005 年 1 月启动碳现货交易，并先后于 2005 年 4 月上市碳期货合约，于 2006 年上市碳期权合约。美国 RGGI 碳市场的碳期货交易更是早于碳现货出现，先后于 2008 年开启碳期货交易，于 2009 年开启碳现货交易。

碳期货的尽早推出，可以吸引不同风险偏好的投资者参与交易，除控排企业外，还有银行、投资基金、资产管理公司、无履约义务的商业企业及其他金融机构等多种类型的投资者，有助于在市场运行前期活跃主体参与交易，积累市场运行数据，提供风险控制工具，促进价格发现，为碳现货的合理定价提供重要依据。

以欧盟碳市场的 EUA 期货为例，自 2005 年推出以来，EUA 期货的交易量和交易额始终保持快速增长，并成为欧盟碳市场上的主流交易产品。2007 年欧盟碳市场供过于求，现货价格和交易量锐减，而碳期货市场始终保持稳定状态，并带动现货价格逐渐趋稳，在一定程度上支撑了欧盟碳市场渡过难关。

实践经验表明，碳期货市场与现货市场同为多层次碳市场的重要构成部分，

可同步推进建设，两者相互协同、相互促进。

二、协同监管机制能有效保障碳市场平稳运行

碳排放配额是碳市场的交易产品，由于其兼具商品和金融属性，在监管方面与传统商品或金融产品存在一定差异。从国际实践来看，按照多层次碳市场体系的划分，通常由环保主管部门负责一级市场执行，金融监管部门负责二级市场监管。各监管部门、机构各司其职、互为补充，既可以使不同部门的自身优势最大化，又可以实现部门间的信息互通，使监管更加灵活、高效，保障碳市场平稳运行。

碳市场既要满足环保和气候政策目标，又要以金融市场的方式进行运作。建立监管协作机制，可在一级、二级市场各自出台政策之前，就对另一市场的影响进行充分评估，并就碳市场整体发展做好充分的政策考虑和准备，保障多层次碳市场平稳运行。

三、碳市场的法规制度建设至关重要

以市场手段控制温室气体排放的政策措施的顺利实施需要法律规范和保障。法制健全将促进碳排放权交易和碳金融衍生品发展的顺利展开，提高管理机构的工作效率，确保取得良好政策效果。注重法律法规建设，利用法制化的手段规定实施碳交易的法律性质和碳排放配额的可交易性质，构筑起规范的法律体系是各国碳市场机制的共同特点。完善的法律法规体系为碳市场长期发展提供了坚实的制度保障，推进了碳市场长期、稳定、规范和有序运行。

欧盟不仅对碳排放交易制定了综合性法律，提高碳交易政策的强制性和约束力，还针对交易体系的各项要素系统性地制定了效力层级较高、可操作性强的配套法规、实施细则和指南等。相关金融产品和交易除了受到碳市场政策法规的管辖外，还需要接受一系列相关的金融市场法规管理，比如《金融工具市场指令》（MiFID）、《市场滥用指令》（MAD）、《反洗钱指令》（Ati-MLD）、《透明度指令》（TD）、《资本金要求指令》（CRD）、《投资者补偿计划指令》（ICSR）以及有关场外交易相关规定等。对于暂时缺乏国家层面排放贸易立法的国家，地方政府也是以法规形式来确立地方性、区域性排放贸易机制，并制定一系列配套规范。

除法律法规外，世界各地的碳排放交易体系都非常重视建立严格统一的 MRV 制度，有的还制定了效力层级较高的相关法规。制度的内容主要包括：制定和实施统一的分行业排放核算方法与指南，建立针对企业的温室气体排放监测、测量和报告制度，制定和实施统一的核查方法与指南，建立第三方核查机构管理制度等，为碳交易政策的有效实施提供了有力的技术支撑和数据保障。纳入碳排放的企业在获得排放许可、排放量的测量报告与核查、上缴配额等履约程序的任何一个环节违反规定都将面临处罚，其中排放企业所排放温室气体的监测、报告以及对排放报告的核查是保证排放交易体系实施及其环境效果的关键内容。

第六节　本章小结

本章梳理了主要国际碳期货市场的碳期货业务发展历程、合约设计与风险监管，总结得出了境外碳排放权期货市场的政策机制、产品设计和风险监管方面的经验与启示。

国际上现有的碳市场期货交易起步较早，碳期货市场已成为碳市场交易的主要场所。控排企业利用碳期货交易管理碳资产风险已成为普遍现象。国际上现有的碳期货市场以洲际交易所和欧洲能源交易所为主，碳期货品种多样。对同一交易标的的月度、季度以及年度合约进行组合而形成的复合合约机制在两大交易所的运作已十分成熟。针对在期货交易机制下出现的违规和操作风险，各大碳市场均采取了较为严格的监管和审查机制。国际碳期货市场发展的主要经验包括碳期货可以在碳市场成立早期开展，开展碳期货交易应由专业的交易机构、清算机构和注册登记平台共同支撑，设立专门针对市场交易的监管机构，并加强信息公开。

随着各国碳交易政策体系的完善和强化，碳交易市场发展迅速，交易产品多样（配额现货、期货和期权等），交易规模不断扩大，多层次碳市场体系逐渐成熟，碳定价效率持续提升。总结国际碳期货市场发展的各个阶段，可以得到以下三点经验与启示：一是碳期货与现货市场可同步推进，相互协同促进。二是协同监管机制能有效保障碳市场平稳运行。三是碳市场的法规制度建设至关重要。

　　总结碳市场期现协同发展经验启示：第一，要实现期货市场和现货市场协同发展，碳市场的法规制度建设至关重要，以市场手段控制温室气体排放的政策措施的顺利实施需要法律规范和保障。第二，碳交易政策需持续强化，行业覆盖范围和交易方式等碳市场要素需不断完善。第三，只有对配额总量适度从紧，才能促进市场健康发展、交易产品才能形成有效价格。第四，要制定严格的履约制度，确保碳市场实现减排效果。纳入企业应遵循获得排放许可，进行排放量的测量、报告与核查，上缴配额等履约程序，任何一个环节违反规定都将面临法律处罚甚至刑事处罚。第五，要考虑切实推动气候目标达成。随着各国碳交易政策体系的完善和强化，碳交易市场发展迅速，交易产品多样（配额现货、期货和期权等），交易规模不断扩大，多层次碳市场体系逐渐成熟，碳定价效率持续提升。

第六章 多层次碳市场发展篇

国际经验表明，一二级市场并行、期现货市场协同的多层次碳市场体系，有助于碳市场更好发挥价格发现、风险管理和资源配置等作用。我国也应加快构建多层次碳市场体系，助力"双碳"目标平稳实现。

第一节 我国碳市场发展期现协同的必要性

碳现货市场和期货市场是相互促进、共同发展的关系。无论是从国际经验借鉴还是国内需求出发；无论是在促进碳市场减排功能的发挥还是在带动社会自发的低碳转型方面，碳期货的探索发展都具有极其重要的意义。碳期货和现货协同发展将有助于发现合理的碳价，促进碳交易市场机制充分发挥优化配置资源的决定性作用，推动控排企业实施碳排放预算管理，以成本效益优化的方式实现碳减排目标。

从服务碳资源优化配置角度来说，期货衍生品交易可将资金、技术、人才等要素引导至绿色低碳发展领域进行配置，更好助力经济社会绿色低碳转型发展。期货能降低市场交易成本，强化碳市场促进"低成本减排"的资源配置功能。碳现货市场资源配置功能的发挥有赖于"配额产权明晰"和"交易成本低"两大关键支柱。碳期货市场作为现货市场的有益补充，在降低交易成本方面的优势更加明显：既可以通过风险厌恶者到风险承担者的风险转移机制，吸引多样化的交易主体，降低碳交易的搜寻成本、信息成本等；又可以通过保证金、当日无负债结算、中央对手方结算等制度，降低碳交易的违约成本和资金占用成本等。此外，期货市场受到严格的金融监管，能有效遏制市场操纵与内幕交易。欧盟碳期货的推出和配套金融监管措施的实施，有力维护了市场价格发现机制的韧性，确保 EUA 价格及时、准确、稳定地反映市场供求基本面的信息。在我国，期货市场需要受到证监会、派出机构、期货交易所、中国期货市场监控中心、中国期货业协会等五位一体的协作监管，能通过公开透明的信息披露和全面细致的授权管理，有效遏制市场操纵、内幕交易等违法行为。此外，面临严格现货市场准入限制的自愿减排项目业主、绿色技术创新者、碳金融服务提供商，以及暂未被纳入的企业等群体都有参与碳交易的意愿和需求，发展碳期货可满足这部分群体的套期保值、风险对冲、收益锁定等需求，从而更好地促进经济社会的全面绿色低碳转型。

从完善碳金融体系的角度来说，碳期货能为投资者提供碳资产投资渠道，优化资产配置组合。碳资产正逐渐成为全球投资者们构建资产组合时优先考虑的资产类别，它具有极具吸引力的历史绝对收益和风险收益报酬，以及与其他大类资产之间较低的相关性。Carbon Cap Management LLP 发布的碳价格综合指数自 2012 年以来的年化收益率为 22%，衡量风险调整后收益情况的夏普比率为 1.08，优于目前主流的股票、债券和大宗商品价格指数。更重要的是，碳资产与其他大类风险资产之间的相关性较低，能优化风险资产组合的有效前沿，提升资产组合的风险收益报酬。国内外的碳资产管理公司、金融机构以及投资基金都在积极布局碳资产投资、发行碳价格挂钩的产品。

从增强国际影响的必要性来说，碳期货的推出有助于提升我国碳市场的国际影响力，助力我国参与国际标准规则的制定。过去我国的碳资产被低估，项目开发利润普遍为国际中间商所赚取，核心原因在于缺乏有国际影响力的碳定价中心和交易平台，只能被动接受国际规则与标准。运用期货市场提供的价格引导，可便利我国出口型企业及早应对欧美提出的碳边境调节机制（CBAM）产生的影响，同步提升我国在碳定价领域的全球话语权。随着我国碳市场的建立和发展，现货市场规模不断提升，碳资产的供给和需求也都以境内主体为主，我国已具备建立全球碳定价中心、引领国际碳市场规则标准制定的潜力。

第二节　多层次碳市场发展的主要考虑

为了利用好全国碳市场这一重要政策工具，推动实现碳达峰碳中和目标，必须以新发展理念为指导，瞄准正确发展方向，科学把握发展节奏，充分发挥碳期货等碳金融的作用，形成全国多层次碳市场发展局面，据此有以下八点考虑：

1. 坚持全国碳市场和碳期货正确发展定位

《全国碳排放权交易市场建设方案（发电行业）》明确指出，建立全国碳市场是利用市场机制控制温室气体排放的重大举措，要坚持将碳市场作为控制温室气体排放政策工具的工作定位，切实防范金融等方面风险。《碳排放权交易管理办法（试行）》明确了全国碳市场是推动温室气体减排、服务于应对气候变化、促进绿色低碳发展的市场机制。由此可见，全国碳市场的基本定位是碳减排的政策工具，全国碳市场的建设目标与定位是我国生态文明建设、实现碳达峰碳中和目标要求决定的。全国碳现货市场为碳期货发展奠定基础，碳期货根植于全国碳现货市场，是全国碳现货市场的延伸发展，同时又使得基础更加牢固。碳期货与全国碳排放权交易市场的目标和定位一致，碳期货发展必须服务于碳减排核心目标，才能更具生命力。

2. 充分发挥市场配置资源的决定性作用

碳市场是基于市场机制的减排工具，其设计和建设政策主导性强，政府和市场是贯穿碳市场发展中的两条主线。健康有序发展碳期货必须处理好政府与市场的关系。一方面，通过充分的市场活动、合理的市场供需、有效的市场价格、有序的市场竞争实现碳排放资源配置效益最大化和效率最优化。鼓励多渠道、多维度创新发展碳金融，针对控排企业不同时期的不同需求，针对产品的全生命周期和整个生产环节的不同层次开发包括期货在内不同类型碳金融产品，丰富碳金融产品结构和覆盖范围，不断扩大碳金融参与主体。另一方面，健康有序发展碳期货必须更好地发挥政府作用，即做好顶层设计，建章立制，监管指导，保障运行。明晰和理顺各级管理部门的权责利，避免监管重叠或出现真空，避免政策法规冲突与重复，提高管理效率。建立健全碳市场风险预警与应对处置机制，实施目标管理，制定针对性强的预案。

3. 建立完善碳市场相关的法律法规基础

目前我国碳交易及相关活动的法律法规不完善，法律层级普遍较低，且由于碳排放管理的特殊性，也不能简单套用现有金融管理的法律法规。因此，亟待建立完善支撑碳交易和碳金融健康有序发展的强有力的法律法规体系。应推动尽快出台《碳排放权交易管理暂行条例》（以下简称《条例》），在《条例》框架下，进一步完善全国碳市场法律法规体系，明确碳排放权的法律属性，确保全国碳市场依法监管，顺利运行。同时，统筹协调碳交易、碳金融、其他金融活动的法律法规。在加强立法的同时强化执法，加强碳市场相关活动依法监管。

4. 推动现货市场和期货市场协同增效

围绕推动实现碳达峰碳中和目标，做好健康有序发展碳期货的顶层设计。第一，控排单位与金融机构应树立碳资产管理理念，构建碳资产管理机制，实施碳资产预算管理，将碳资产作为产业发展、技术创新和产品升级决策的重要依据。第二，必须摸清家底、探明需求，统筹全国现货市场和碳期货发展顶层设计，制定科学、可操作性强、稳定的中长期战略规划，就不同阶段及其目标、配套政策、金融工具、风险管理、能力建设、成效评估等做出制度安排，做到因地制宜、张弛有度，稳步有序推进碳市场发展。第三，做好碳期货发展与现货市场发展统筹协调衔接，既要立足当下，建立健全全国碳市场，扎实稳妥做好碳期货发展的基础工作，制定满足实际发展需求的阶段性目标，科学谋划发展路径，合理部署重点行动任务，建立政策和组织保障，为碳市场发展制定切实可行、行之有效的路线图、施工图和时间表。

5. 更好发挥碳市场机制

以市场机制为导向建立健全全国碳市场，形成合理有效的碳价发现机制，将充分发挥市场机制配置资源的决定性作用，能够有效推进碳减排。一方面，逐步构建以全国碳排放权交易市场为核心，温室气体自愿减排交易市场等为补充的多元碳排放交易体系。逐渐扩大全国碳排放权交易市场覆盖的温室气体种类、行业和企业范围，不断提升市场规模。逐步丰富交易品种，扩大交易主体，形成多元化的碳市场要素体系。另一方面，各类碳排放权交易市场参与主体在市场政策、技术支持、能力建设等方面主动作为，积极参与碳交易，激发碳市场活力，注重提高碳排放权货币化程度和交易市场化，通过完善碳交易市场机制为碳金融创新发展提供空间、做好引导服务。

6. 建立完善碳市场标准体系和监管制度

以高质量碳排放数据为目标，建立完善规范统一的碳排放统计制度。以碳减排成效为导向，建立完善碳排放权交易市场标准体系，构建绩效和信用评估标准体系，建立健全碳金融信息披露制度。积极开展产品创新，开展产品和服务标准化认证，开展绩效和信用评估。梳理分析全国碳排放权交易市场交易、碳期货及相关活动的风险点，不断完善全国碳排放权交易市场和碳期货监管机制顶层设计与建设，构建全国碳排放权交易市场联合监管机制，提高管理效率。探索建立碳价调控机制，包括实施涨跌停制度、持仓限额制度、设定碳价走廊、建立碳市场政府平准基金或建立碳排放配额储备机制等。不断完善全国碳排放权交易市场交易结算和注册登记系统功能，构建风险管理体系，充分发挥全国碳排放权交易市场交易机构和注册登记机构对交易活动的监管能力，对全国碳排放权交易市场交易风险进行跟踪、分析、预警、联合处置等。建立健全碳排放权交易市场信息披露制度、征信管理体系和行业自律管理体系，强化对碳交易及相关活动的事中、事后监管。

7. 建立能力建设长效机制

金融机构和控排企业缺乏既懂碳管理又懂金融管理的专业人才，或者对碳排放管理、碳市场管理的政策与技术了解不全面，或者对于碳期货产品操作与风险管理经验不足。因此，必须构建能力建设长效机制，持续加强培养碳期货相关中介服务机构与人才，探索建立从业人员职业资格管理、考核评估机制，不断提升金融机构提供碳金融服务能力，提升交易主体参与碳交易和期货交易的积极性和能力。

8. 为碳排放权现货和期货协同发展创造良好创新环境与舆论环境

全国碳排放权交易市场和碳金融尚处于培育发展阶段，需要逐步建立完善制度体系和技术规范。无论是全国碳排放权交易市场建设，还是碳期货发展，既是系统的制度创新，又是技术和标准的创新，都是复杂的系统工程，需要长期开展大量细致的工作，是一个边学边干、不断从实践中提升认识和工作能力，又不断指导和推动实践工作前进的过程，难免会出现不足与失误。因此，应正确对待全国碳排放权交易市场和碳期货协同发展中面临的挑战和问题，一方面必须重视挑战与问题，强化制度建设，强化监督与管理；另一方面必须为全国碳排放权交易市场建设营造良好的创新环境，攻坚克难、驰而不息地创新发展碳金融。

附　录

附录一　温室气体种类和规模

一、气体种类

温室气体（GHG Greenhouse Gas）指任何会吸收和释放红外线辐射并存在大气中的气体。它们会减慢能量逃逸到太空的速度，使地球变暖。1997 年《京都议定书》中规定需要控制的 6 种温室气体为：二氧化碳（CO_2）、甲烷（CH_4）、一氧化二氮（N_2O）、氢氟碳化合物（HFCs）、全氟碳化合物（PFCs）、六氟化硫（SF6）（见附表 1）。

附表 1　主要温室气体及来源

温室气体	来源
二氧化碳（CO_2）	二氧化碳通过燃烧化石燃料（煤、天然气和石油）、固体废物、树木和其他生物材料以及某些化学反应（如制造水泥）进入大气。当二氧化碳被植物吸收作为生物碳循环的一部分时，它就会从大气中去除
甲烷（CH_4）	在煤炭、天然气和石油的生产和运输过程中会排放甲烷。牲畜和其他农业实践、土地使用以及城市固体垃圾填埋场中有机废物的腐烂也会导致甲烷排放
一氧化二氮（N_2O）	一氧化二氮在农业、土地使用、工业活动、化石燃料和固体废物的燃烧以及废水处理过程中排放
氟化气体（F-GAS）	氢氟碳化合物、全氟化碳、六氟化硫和三氟化氮是合成的、强大的温室气体，从各种工业过程中排放出来。氟化气体有时被用作平流层消耗臭氧物质（例如，氯氟烃、氢氯氟烃和哈龙）的替代品。这些气体的排放量通常较小，但由于它们是强效温室气体，因此有时被称为高全球变暖潜势气体（"高 GWP 气体"）

二、增温潜势

不同的温室气体吸收能量的能力（它们的"辐射效率"）和在大气中停留的时间（它们的"寿命"）都存在明显差异，从而对全球温升的影响能力不同。为对比不同温室气体对全球温升的影响程度，进而度量和评估整体温升水平，全球增温潜势（Global Warming Potential，GWP）指标被提出。

GWP 值的含义为一定质量的温室气体在一定时间内所吸收的热量和同时期相同质量的二氧化碳所吸收的热量的比值，二氧化碳的 GWP 值为 1。GWP 越大，则单位质量给定气体对全球温升的影响程度越大。GWP 可以用 20 年、100 年、500 年来衡量，通常使用的时间段是 100 年。《京都议定书》正是基于 100 年以上的时间跨度衡量全球变暖潜能值。分析人员通过 GWP 值将不同气体的排放量转换为二氧化碳排放当量，进而实施排放清单的编制和分析。

IPCC（政府间气候变化专门委员会）给出的不同温室气体的 100 年全球增温潜势值见附表 2。

附表 2　IPCC 所列不同温室气体的 100 年全球增温潜势值（GWP）[①]

名称		化学式	1995 IPCC AR2	2001 IPCC AR3	2007 IPCC AR4	2014 IPCC AR5	2022 IPCC AR6
二氧化碳		CO_2	1	1	1	1	1
甲烷		CH_4	21	23	25	28	28
一氧化二氮		N_2O	310	296	298	265	273
氢氟碳化物	HFC-23	CHF_3	11700	12000	14800	12400	14600
	HFC-32	CH_2F_2	650	550	675	677	771
	HFC-125	C_2HF_5	2800	3400	3500	3170	3740
	HFC-134a	CH_2FCF_3	1300	1300	1430	1300	1530
	HFC-143a	$C_2H_3F_3$	3800	4300	4470	4800	5810
	HFC-152a	$C_2H_4F_2$	140	120	124	138	164
	HFC-227ea	C_3HF_7	2900	3500	3220	3350	3600
氢氟碳化物	HFC-236fa	$C_3H_2F_6$	6300	9400	9810	8060	8690
	HFC-245fa	$C_3H_3F_5$	560	950	1030	858	962

[①]　IPCC 第二、三、四、五、六次报告。

续表

名称		化学式	1995 IPCC AR2	2001 IPCC AR3	2007 IPCC AR4	2014 IPCC AR5	2022 IPCC AR6
全氟化碳	四氟化碳	CF_4	6500	5700	7390	6630	7380
	六氟乙烷	C_2F_6	9200	11900	9200	11100	12400
六氟化硫		SF_6	23900	22200	22800	23500	25200

三、排放规模

从全球温室气体排放结构来看（见附图 1），2020 年二氧化碳是最主要的排放源，占温室气体排放量的 73.11%；甲烷、氧化亚氮、氢氟碳化合物分别占温室气体排放量的 17.74%、6.58% 和 2.56%。可以看到，虽然氟化气体（氢氟碳化物、全氟碳化物、六氟化硫）的 GWP 值最大，但二氧化碳排放量占比最大，从而其对全球升温的贡献百分比也最大。二氧化碳减排成为全球气候治理的关键内容。

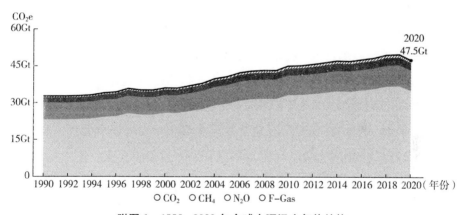

附图 1　1990～2020 年全球主要温室气体结构

数据来源：Climate Watch。

附录二　覆盖行业的相关产业政策

自 1992 年引入"可持续发展"理念以来，中国实体产业政策基调逐渐从

"经济增长"向"绿色、循环、低碳"过渡，政策措施从"以行政类为主"转变为"行政与市场手段相结合"①。在 2020 年 9 月提出碳达峰、碳中和（即"双碳"）目标后，国家发展改革委、生态环境部、国家能源局、工信部、中国人民银行等多个部委就未来减排工作做出安排，包括制订行动方案、调整现有政策、编制"碳中和"相关的新政策和规定②。下文按总结了正在实施中的涉及电力和工业部门的主要低碳政策，并就其对碳市场的影响做简单定性评价。

一、纲领性政策文件

目前，我国"碳中和"相关的产业发展纲领性政策包括了《中华人民共和国国民经济和社会发展第十四个五年规划和 2035 远景目标纲要》（以下简称"十四五"规划）、《国务院关于加快建立健全绿色低碳循环发展经济体系的指导意见》（以下简称《指导意见》）③、《2030 年前碳达峰行动方案》④、《"十四五"现代能源体系规划》⑤、《"十四五"节能减排综合工作方案》、《关于完善能源绿色低碳转型体制机制和政策措施的意见》等。其中，"十四五"规划提出低碳转型、改善环境、提升生态稳定性和提升能效等绿色发展方式；《指导意见》从生产、流通、消费、基础设施、技术几个方面，对工业、农业、服务业等细分产业作出统筹安排；《2030 年前碳达峰行动方案》将能源绿色低碳转型和工业领域碳达峰作为十大行动之二，为未来产业政策制定奠定基础；《"十四五"现代能源体系规划》阐明我国"十四五"时期推动能源高质量发展的主要目标和任务举措。《"十四五"节能减排综合工作方案》提出绿色节能改造工程、遏制高耗能高排放项目盲目发展等 21 项工作任务。《关于完善能源绿色低碳转型体制机制和

---

① 魏伟，陈骁，郝思婧. 梳理产业低碳转型的政策脉络［R/OL］. （2021-09-17）［2022-12-06］. https：//pdf. dfcfw. com/pdf/H3_AP202109171516806216_1. pdf？1631904936000. pdf.

② 普华永道. 中国"碳中和"政策现状与趋势分析［EB/OL］. https：//www. pwccn. com/zh/blog/state-owned-enterprise-soe/china-carbon-neutral-policy-status-and-trend-analysis-jun2021. html.

③ 国务院. 国务院关于加快建立健全绿色低碳循环发展经济体系的指导意见［EB/OL］. http：//www. gov. cn/zhengce/content/2021-02/22/content_5588274. htm，2021-02-22.

④ 国务院. 国务院关于印发 2030 年前碳达峰行动方案的通知［EB/OL］. http：//www. gov. cn/zhengce/content/2021-10/26/content_5644984. htm，2021-10-24.

⑤ 国家发展改革委，国家能源局. 国家发展改革委 国家能源局关于印发《"十四五"现代能源体系规划》的通知［EB/OL］. http：//www. gov. cn/zhengce/zhengceku/2022-03/23/content_5680759. htm，2022-01-29.

政策措施的意见》提出了推动构建以清洁低碳能源为主体的能源供应体系等35项工作任务。这些纲领性政策都将碳排放权交易机制作为实现"双碳"目标的重要政策工具之一，提出加快碳市场建设，在顶层设计上实现了碳市场与绿色产业的统筹协调。此外，《产业结构调整指导目录（2021年版）》《绿色产业指导目录（2019年版）》《"十四五"全国清洁生产推行方案》《支持绿色发展税费优惠政策指引》《财政支持做好碳达峰碳中和工作的意见》《关于加快建立统一规范的碳排放统计核算体系实施方案》《建立健全碳达峰碳中和标准计量体系实施方案》等为制定和实施产业低碳转型相关的标准、财税等具体政策提供了重要依据。

二、电力部门

1. 行政类政策工具

目前，涉及电力部门行政类政策主要通过设置目标或标准限制煤电增长、加快可再生能源发展。碳市场通过价格传导促进电力行业清洁能源对化石能源的替代，与行政类政策一起达成减排目标（见附表3）。然而，在一些情况下，行政类政策中的目标和标准力度，如可能会影响碳市场的配额供给，进而影响价格，削弱碳市场作用①。

附表3　电力部门行政政策

序号	政策名称	颁布日期	颁布机构	主要内容
1	《关于加强高能耗、高排放建设项目生态环境源头防控的指导意见》	2021年5月30日	生态环境部	"两高"项目的范围涵盖电力、石化、化工、钢铁、有色金属冶炼、建材六个行业，指导意见提出将对"两高"项目采取更严格的环评标准，并将碳排放影响纳入环评
2	《国家发展改革委国家能源局关于2021年可再生能源电力消纳责任权重及有关事项的通知》	2021年5月21日	国家发展改革委国家能源局	要求各省（区、市）完成年度非水电最低消纳责任权重所必需的新增并网项目，由电网企业实行保障性并网，2021年保障性并网规模不低于9000万千瓦

① 范英. 中国碳市场顶层设计：政策目标与经济影响［J］. 环境经济研究，2018（1）：1-25.

序号	政策名称	颁布日期	颁布机构	主要内容
3	《关于 2021 年风电、光伏发电开发建设有关事项的通知》	2021 年 5 月 11 日	国家能源局	提出强化可再生能源电力消纳责任权重引导机制，建立并网多元保障机制，加快推进存量项目建设，稳步推进户用光伏发电建设
4	《完善能源消费强度和总量双控制度方案》	2021 年 9 月 11 日	国家发展改革委	坚决管控高耗能高排放项目，对新增能耗 5 万吨标准煤及以上的"两高"项目，国家发展改革委将加强窗口指导
5	《全国煤电机组改造升级实施方案》	2021 年 10 月 29 日	国家发展改革委、国家能源局	按特定要求新建的煤电机组，除特定需求外，原则上采用超超临界且供电煤耗低于 270 克标准煤/千瓦时的机组。到 2025 年，全国火电平均供电煤耗降至 300 克标准煤/千瓦时以下
6	《关于鼓励可再生能源发电企业自建或购买调峰能力增加并网规模的通知》	2021 年 7 月 29 日	国家发展改革委、国家能源局	在电网企业承担风电和光伏发电等可再生能源保障性并网责任以外，仍有投资建设意愿的可再生能源发电企业，鼓励在自愿的前提下自建储能或调峰资源增加并网规模
7	《电机能效提升计划（2021—2023 年）》	2021 年 10 月 29 日	工业和信息化部、市场监督管理总局	到 2023 年，高效节能电机年产量达到 1.7 亿千瓦，在役高效节能电机占比达到 20% 以上，实现年节电量 490 亿千瓦时，相当于年节约标准煤 1500 万吨，减排二氧化碳 2800 万吨
8	《"十四五"可再生能源发展规划》	2022 年 6 月 1 日	国家发展改革委、国家能源局、财政部等 9 部门	到 2025 年，可再生能源消费总量达到 10 亿吨标准煤左右，年发电量达到 3.3 万亿千瓦时左右；可再生能源电力总量和非水电消纳责任权重分别达到 33% 和 18% 左右；太阳能热利用、地热能供暖、生物质供热、生物质燃料等非电利用规模达到 6000 万吨标准煤以上
9	《关于进一步做好新增可再生能源消费不纳入能源消费总量控制有关工作的通知》	2022 年 11 月 16 日	国家发展改革委、统计局、能源局	明确风电、太阳能发电等可再生能源不纳入能源消费总量，并提出完善可再生能源消费数据统计核算体系

2. 市场类政策工具

除碳市场外，我国基于市场的减排政策还包括用能权交易、绿证、电价市场化改革、可再生能源上网电价补贴、化石能源资源税、绿色融资等。这些政策的覆盖范围有一定重叠，比如用能权交易市场和绿证交易市场都覆盖了电力企业，这可能导致配额需求和交易量减少，进而影响碳价；另外，资源税和可再生能源上网电价补贴鼓励企业转向清洁能源，也将减少配额需求，导致较低的碳价。电力部门基于市场的政策如附表 4 所示。

附表 4　电力部门基于市场的政策

序号	政策名称	颁布日期	颁布机构	主要内容
1	《用能权有偿使用和交易制度试点方案》	2016 年 7 月 28 日	国家发展改革委	提出在浙江省、河南省、福建省、四川省开展用能权有偿使用和交易制度试点工作
2	《完善能源消费强度和总量双控制度方案》	2021 年 9 月 11 日	国家发展改革委	进一步完善用能权有偿使用和交易制度，加快建设全国用能权交易市场
3	《国家发展改革委、财政部、国家能源局关于试行可再生能源绿色电力证书核发及自愿认购交易制度的通知》	2017 年 1 月 18 日	国家发展改革委、财政部、国家能源局	明确绿证核发对象为列入国家可再生能源电价附加补助目录内的陆上风电和光伏发电项目（不含分布式光伏发电），标志着我国绿色电力证书制度开始试行
4	《关于促进非水可再生能源发电健康发展的若干意见》	2020 年 9 月 29 日	财政部、国家发展改革委、国家能源局	明确提出全面推行绿证交易制度，自 2021 年 1 月 1 日起，实行配额制下的绿证交易，同时研究将燃煤发电企业优先发电权、优先保障企业煤炭进口等与绿证挂钩，持续扩大绿证市场交易规模，并通过多种市场化方式推广绿证交易
5	《关于进一步深化燃煤发电上网电价市场化改革的通知》	2021 年 10 月 11 日	国家发展改革委	有序放开全部燃煤发电电量上网电价。将燃煤发电市场交易价格浮动范围由现行的上浮不超过 10%、下浮原则上不超过 15%，扩大为上下浮动原则上均不超过 20%，高耗能企业市场交易电价不受上浮 20% 限制
6	《国家发展改革委关于 2021 年新能源上网电价政策有关事项的通知》	2021 年 6 月 7 日	国家发展改革委	规定 2021 年起，对新备案集中式光伏电站、工商业分布式光伏和新核准陆上风电项目发电，中央财政不再补贴。2021 年，新建项目保障收购小时数以内的发电量，上网电价继续按"指导价+竞争性配置"方式形成
7	《中华人民共和国资源税法》	2019 年 8 月 26 日	全国人民代表大会	资源税暂行条例上升为法律，煤、油、气税率 2%~10% 不等
8	《绿色债券支持项目目录（2021 年版）》	2021 年 4 月 2 日	中国人民银行、国家发展改革委、证监会	新增绿色装备制造、绿色服务业等产业，剔除原目录中的煤和油清洁利用、燃煤电厂超低排放改造等项目

续表

序号	政策名称	颁布日期	颁布机构	主要内容
9	《2021年生物质发电项目建设工作方案》	2021年8月11日	国家发展改革委、财政部、国家能源局	2021年安排新增生物质发电中央补贴资金总额为25亿元
10	《关于引导加大金融支持力度促进风电和光伏发电等行业健康有序发展的通知》	2021年2月24日	国家发展改革委、财政部、中国人民银行、银保监会、国家能源局	对短期偿付压力较大但未来有发展前景的可再生能源企业,金融机构可以按照风险可控原则,予以贷款展期、续贷或调整还款进度、期限等安排;已纳入补贴清单的可再生能源项目所在企业,可申请补贴确权贷款
11	《关于加快建设全国统一电力市场体系的指导意见》	2022年1月18日	国家发展改革委、国家能源局	提出健全多层次统一交易规则和技术标准的电力市场体系
12	《关于促进工业经济平稳增长的若干政策的通知》	2022年2月18日	国家发展改革委	提出落实煤电等行业绿色低碳转型金融政策,包括2000亿元支持煤炭清洁高效利用专项再贷款、推动金融机构加快信贷投放进度、支持碳减排和煤炭清洁高效利用重大项目建设

三、工业部门

工业部门的政策较为庞杂(见附表5)。2021年11月15日,工业和信息化部发布《"十四五"工业绿色发展规划》,文件明确了系统推进工业向产业结构高端化、能源消费低碳化、资源利用循环化、生产过程清洁化、产品供给绿色化、生产方式数字化六个方向转型,并设定到2025年规模以上工业单位增加值能耗降低13.5%、单位工业增加值二氧化碳排放降低18%的目标。另外,《关于加快建立绿色生产和消费法规政策体系的意见》《证监会关于加强产融合作推动工业绿色发展的指导意见》等文件提出到2025年前进一步健全绿色工业相关的法规、标准、政策。

附表5 工业部门行政类低碳政策 (2021~2022年以出台为主)

序号	政策名称	颁布日期	颁布机构	主要内容
1	《关于加强高能耗、高排放建设项目生态环境源头防控的指导意见》	2021年5月30日	生态环境部	"两高"项目的范围涵盖电力、石化、化工、钢铁、有色金属冶炼、建材六个行业,指导意见提出将对"两高"项目采取更严格的环评标准,并将碳排放影响纳入环评

序号	政策名称	颁布日期	颁布机构	主要内容
2	《完善能源消费强度和总量双控制度方案》	2021年9月11日	国家发展改革委	坚决管控高耗能高排放项目,对新增能耗5万吨标准煤及以上的"两高"项目,国家发展改革委将会加强窗口指导
3	《钢铁行业碳达峰及降碳行动方案》	待审批	生态环境部	钢铁行业碳达峰目标初步定为:2025年前,实现碳排放达峰;到2030年,碳排放量较峰值降低30%;2035年有较大幅度下降;2060年前钢铁行业将深度脱碳
4	《钢铁行业产能置换实施办法》	2021年4月17日	工业和信息化部	修订后的产能实施办法大幅提高置换比例,扩大敏感区域,并进一步对特定区域改扩建范围加大限制
5	《水泥玻璃行业产能置换实施办法》	2021年7月2日	工业和信息化部	提高产能置换的比例;严禁备案新建扩大产能的水泥熟料、平顶玻璃项目,有必要新建的,必须制定实施产能置换
6	《铝行业规范条件》	2020年2月28日	工业和信息化部	对电解铝生产装备,取消了要达到160kA及以上容量的具体要求,改为低耗、环境友好的大型预焙电解槽技术
7	《国家高新区绿色发展专项行动实施方案》	2021年1月29日	科技部	到2025年,国家高新区单位工业增加值综合能耗降至0.4吨标准煤/万元以下,其中50%的国家高新区单位工业增加值综合能耗低于0.3吨标准煤/万元;单位工业增加值二氧化碳排放量年均削减率4%以上
8	《关于控制副产三氟甲烷排放的通知》	2021年9月10日	生态环境部	自2021年9月15日起,二氟一氯甲烷(HCFC-22)或氢氟碳化物(HFCs)生产过程中副产的HFC-23不得直接排放
9	《关于做好"十四五"园区循环化改造工作有关事项的通知》	2021年12月15日	国家发展改革委、工业和信息化部	《通知》明确了到2025年底具备条件的省级以上园区全部实施循环化改造,二氧化碳、主要大气污染物等排放量大幅降低等工作目标,部署了促进产业循环链接,推动节能降碳等五项主要任务
10	《"十四五"原材料工业发展规划》	2021年12月21日	工业和信息化部、科学技术部、自然资源部	提出2025年吨钢综合能耗降低2%、电解铝碳排放下降5%等具体目标
11	《关于促进钢铁工业高质量发展的指导意见》	2022年2月8日	工业和信息化部、国家发展和改革委员会、生态环境部	到2025年80%以上钢铁产能完成超低排放改造,吨钢综合能耗降低2%以上

序号	政策名称	颁布日期	颁布机构	主要内容
12	《关于"十四五"推动石化化工行业高质量发展的指导意见》	2022年4月8日	工业和信息化部、发展改革委、科技部、生态环境部、应急部、能源局	到2025年石化化工行业大宗产品单位产品能耗和碳排放明显下降，挥发性有机物排放总量比"十三五"降低10%以上
13	《关于化纤工业高质量发展的指导意见》	2022年4月21日	工业和信息化部、国家发展和改革委员会	到2025绿色纤维占比提高到25%以上
14	《关于推动轻工业高质量发展的指导意见》	2022年6月17日	工业和信息化部、人力资源社会保障部、生态环境部、商务部、市场监管总局	到2025年进一步降低轻工行业单位工业增加值能源消耗、碳排放
15	《工业能效提升行动计划》	2022年6月29日	工业和信息化部、国家发展改革委、财政部、生态环境部、国务院国资委	到2025年，钢铁、石化化工、有色金属、建材等行业重点产品能效达到国际先进水平，规模以上工业单位增加值能耗比2020年下降13.5%
16	《工业领域碳达峰实施方案》	2022年8月1日	工业和信息化部、国家发展改革委、生态环境部	到2025年规模以上工业单位增加值能耗较2020年下降13.5%
17	《有色金属行业碳达峰实施方案》	2022年11月15日	工业和信息化部、国家发展改革委、生态环境部	"十四五"期间，再生金属供应占比达到24%以上；"十五五"期间，电解铝使用可再生能源比例达到30%以上

1. 行政类政策工具

前文提到的《关于加强高能耗、高排放建设项目生态环境源头防控的指导意见》《完善能源消费强度和总量双控制度方案》不仅适用于电力行业，也覆盖了工业部门。另外，生态环境部2021年1月发布的《关于统筹和加强应对气候变化与生态环境保护相关工作的指导意见》提出，推动钢铁、建材、有色、化工、石化、电力、煤炭等重点行业提出明确的达峰目标并制订达峰行动方案，这对后续制定各行业的具体减排指标和排放/能耗标准具有重要的指导意义。2022年，工业和信息化部、国家发展改革委、生态环境部等相继发布了《关于促进钢铁工业高质量发展的指导意见》《关于"十四五"推动石化化工行业高质量发展的指导意见》《关于化纤工业高质量发展的指导意见》《关于推动轻工业高质量发展的指导意见》《工业能效提升行动计划》《工业领域碳达峰实施方案》《有色金属行业碳达峰实施方案》等工业领域节能降碳政策，提出到 2025 年，80%以上钢铁产能完成超低排放改造，吨钢综合能耗降低 2%以上，石化化工行业大宗产品挥发性有机物排放总量比"十三五"降低 10%以上，绿色纤维占比提高到 25%以上，规模以上工业单位增加值能耗较 2020 年下降 13.5%，"十四五"期间，再生金属供应占比达到 24%以上，"十五五"期间，电解铝使用可再生能源比例达到 30%等目标。

其他工业部门绿色低碳行政类政策还包括《工业节能管理办法》以及一系列国家和地方发布的行业节能管理办法、能耗标准和污染物排放标准等。2021年 10 月，中共中央、国务院印发《国家标准化发展纲要》，提出抓紧制定一批能效限额强制性指标，扩大指标覆盖范围，制定重点行业和产品温室气体排放标准，可以预见，未来将有更多、更严格的工业限制性指标出台。与电力行业相似，这些行政类政策一方面可以与碳市场共同作用助力工业部门深度脱碳，但另一方面过于严苛的标准或激进的目标也可能对碳价产生消极影响。

2. 市场类政策工具

2021 年，生态环境部先后委托中国建筑材料联合会和中国钢铁工业协会开展建材和钢铁行业纳入全国碳排放权交易前的相关准备工作，包括碳市场运行测试、开展监测、报告和核查体系相关研究以及为主管部门和企业提供咨询诊断服务、能力建设等，向覆盖工业部门的全国碳市场建设迈出重要一步。除碳市场外，现行的基于市场的绿色工业政策还包括差别电价、税收优惠等。以电解铝为例，2021 年 8 月 26 日，国家发展改革委发布《关于完善电解铝行业阶梯电价政策的通知》，完善阶梯电价分档和加价标准，并严禁实施优惠电价。国家税务总局早年发布的《资源综合利用企业所得税优惠目录（2008 年版）》和《资源综合利用产品和劳务增值税优惠目录》仍有效，对资源综合利用企业和产品实施所得税、增值税减免等优惠政策。此外，适用于电力部门的用能权交易、绿证、化石能源资源税、绿色融资等市场化手段也覆盖了工业部门，此处不再赘述。

参考文献

[1] 蔡昉，都阳，王美艳．经济发展方式转变与节能减排内在动力［J］．经济研究，2008（6）：4-11+36．

[2] 曹静．走低碳发展之路：中国碳税政策的设计及 CGE 模型分析［J］．金融研究，2009（12）：19-29．

[3] 常凯．碳排放、动态套期保值与资产收益风险［J］．贵州财经大学学报，2013（2）：21-27．

[4] 巢清尘，张永香，高翔，等．巴黎协定——全球气候治理的新起点［J］．气候变化研究进展，2016，12（1）：61-67．

[5] 陈波．基于碳交易市场连接的宏观调控机制研究［J］．中国人口·资源与环境，2015，25（10）：18-22．

[6] 陈波．碳交易市场的机制失灵理论与结构性改革研究［J］．经济学家，2014（1）：32-39．

[7] 陈惠珍．论政府调控碳价的理论基础与法律进路［J］．价格理论与实践，2014（2）：32-34．

[8] 陈蓉，郑振龙．无偏估计、价格发现与期货市场效率——期货与现货价格关系［J］．系统工程理论与实践，2008（8）：2-11+37．

[9] 陈锐刚，周慧娟．中国商品期货市场流动性格局研究［J］．湘潭大学学报（哲学社会科学版），2008（2）：35-41．

[10] 陈勇．电力碳排放权区域分配指标体系研究［J］．江苏电机工程，2015，34（5）：4-8．

[11] 陈志斌，林立身．全球碳市场建设历程回顾与展望［J］．环境可持续发展，2021，46（3）：37-44．

［12］谌莹，张捷．碳排放、绿色全要素生产率和经济增长［J］．数量经济技术经济研究，2016（8）：47-63.

［13］程炜博．碳金融市场参与主体和交易客体及其影响因素分析［D］．吉林大学博士学位论文，2015.

［14］段茂盛，邓哲，张海军．碳排放权交易体系中市场调节的理论与实践［J］．社会科学辑刊，2018（1）：92-100.

［15］段茂盛，庞韬．全国统一碳排放权交易体系中的配额分配方式研究［J］．武汉大学学报（哲学社会科学版），2014（5）：5-12.

［16］段茂盛，庞韬．碳排放权交易体系的基本要素［J］．中国人口·资源与环境，2013，23（3）：110-117.

［17］段茂盛．利用全国碳市场促进我国碳达峰和碳中和目标的实现［J］．环境与可持续发展，2021，46（3）：13-15.

［18］范英．中国碳市场顶层设计：政策目标与经济影响［J］．环境经济研究，2018（1）：1-25.

［19］凤振华．碳市场复杂系统价格波动机制与风险管理研究［D］．中国科学技术大学博士学位论文，2012.

［20］傅京燕，章扬帆．国际碳排放权交易体系链接机制及其对中国的启示［J］．环境保护与循环经济，2016，36（4）：4-11.

［21］高鹏飞，陈文颖，何建坤．中国的二氧化碳边际减排成本［J］．清华大学学报（自然科学版），2004（9）：1192-1195.

［22］顾阿伦．引入碳价格后中国出口贸易成本的变化［J］．中国人口·资源与环境，2015，25（1）：40-45.

［23］郭白滢，周任远．我国碳交易市场价格周期及其波动性特征分析［J］．统计与决策，2016（21）：154-157.

［24］韩学义．中国碳金融衍生品市场发展的几点思考［J］．中国产经，2020（8）：151-154.

［25］何崇恺，顾阿伦．碳成本传递原理、影响因素及对中国碳市场的启示——以电力部门为例［J］．气候变化研究进展，2015，11（3）：220-226.

［26］何建坤．《巴黎协定》新机制及其影响［J］．世界环境，2016（1）：16-18.

［27］何建坤．我国应对全球气候变化的战略思考［J］．科学与社会，2013，3（2）：46-57．

［28］何优选．总量控制下排污指标分配的原则［J］．嘉应大学学报，2001（3）：28-32．

［29］贺晓波，张静，曾诗鸿．基于下偏矩风险欧盟碳期货动态套期保值研究［J］．经济问题，2015（11）：79-82．

［30］胡鞍钢．中国实现2030年前碳达峰目标及主要途径［J］．北京工业大学学报（社会科学版），2021，21（3）：1-15．

［31］华仁海．现货价格和期货价格之间的动态关系：基于上海期货交易所的经验研究［J］．世界经济，2005（8）：34-41．

［32］黄明皓，李永宁，肖翔．国际碳排放交易市场的有效性研究——基于CER期货市场的价格发现和联动效应分析［J］．财贸经济，2010（11）:131-137．

［33］嵇欣．国外碳排放交易体系的价格控制及其借鉴［J］．社会科学，2013（12）：48-54．

［34］蒋舒，吴冲锋．中国期货市场的有效性：过度反应和国内外市场关联的视角［J］．金融研究，2007（2）：49-62．

［35］荆林波．期货市场的市场效率与管理效率［J］．山西财经大学学报，1998（2）：15-18．

［36］李继峰，张沁，张亚雄，王鑫．碳市场对中国行业竞争力的影响及政策建议［J］．中国人口·资源与环境，2013（3）：118-124．

［37］李建锋，吕俊复，论立勇，等．燃煤热电联产机组性能评价方法研究［J］．中国科学：技术科学，2017，47（1）：60-70．

［38］李寿德，黄桐城．初始排污权分配的一个多目标决策模型［J］．中国管理科学，2003（6）：41-45．

［39］李陶，陈林菊，范英．基于非线性规划的我国省区碳强度减排配额研究［J］．管理评论，2010，22（6）：54-60．

［40］林清泉，夏睿瞳．我国碳交易市场运行情况、问题及对策［J］．现代管理科学，2018（8）：3-5．

［41］林文斌，顾阿伦，刘滨，王兆新，周玲玲．碳市场、行业竞争力与碳泄漏：以钢铁行业为例［J］．气候变化研究进展，2019，15（4）：427-435．

［42］刘海燕，于胜民，李明珠．中国国家温室气体自愿减排交易机制优化途径初探［J］．中国环境管理，2022，14（5）：22-27．

［43］刘惠萍，宋艳．启动全国碳排放权交易市场的难点与对策研究［J］．经济纵横，2017（1）：40-45．

［44］刘俏．有序增加碳市场金融产品种类，形成有效的碳价格［N］．新京报，2022．

［45］刘向丽，汪寿阳．中国期货市场日内流动性及影响因素分析［J］．系统工程理论与实践，2013，33（6）：1395-1401．

［46］鲁政委，汤维祺．国内试点碳市场运行经验与全国市场构建［J］．财政科学，2016（7）：81-94．

［47］陆铭，冯皓．集聚与减排：城市规模差距影响工业污染强度的经验研究［J］．世界经济，2014，37（7）：86-114．

［48］马捷，段颀．受工会影响的国际寡头竞争与环境倾销［J］．经济研究，2009，44（5）：79-91．

［49］苗壮，周鹏，李向民．借鉴欧盟分配原则的我国碳排放额度分配研究——基于ZSG环境生产技术［J］．经济学动态，2013（4）：89-98．

［50］莫建雷，朱磊，范英．碳市场价格稳定机制探索及对中国碳市场建设的建议［J］．气候变化研究进展，2013（5）：368-375．

［51］欧阳日辉．期货市场效率：一个制度经济学的分析框架［J］．南开经济研究，2005（3）：20-25．

［52］潘家华，郑艳．基于人际公平的碳排放概念及其理论含义［J］．世界经济与政治，2009（10）：6-16+3．

［53］潘家华．碳排放交易体系的构建、挑战与市场拓展［J］．中国人口·资源与环境，2016，26（8）：1-5．

［54］潘晓滨，史学瀛．欧盟排放交易机制总量设置和调整及对中国的借鉴意义［J］．理论与现代化，2015（5）：18-24．

［55］庞韬，周丽，段茂盛．中国碳排放权交易试点体系的连接可行性分析［J］．中国人口·资源与环境，2014，24（9）：6-12．

［56］彭水军，张文城，孙传旺．中国生产侧和消费侧碳排放量测算及影响因素研究［J］．经济研究，2015，50（1）：168-182．

［57］彭水军，张文城，卫瑞．碳排放的国家责任核算方案［J］．经济研究，2016，51（3）：137-150.

［58］戚婷婷，鲁炜．核证减排量现货市场与期货市场的价格发现［J］．北京理工大学学报（社会科学版），2009，11（6）：71-77.

［59］齐天宇，杨远哲，张希良．国际跨区碳市场及其能源经济影响评估［J］．中国人口·资源与环境，2014，24（3）：19-24.

［60］钱浩祺，吴力波，任飞州．从"鞭打快牛"到效率驱动：中国区域间碳排放权分配机制研究［J］．经济研究，2019，54（3）：86-102.

［61］乔晓楠，段小刚．总量控制、区际排污指标分配与经济绩效［J］．经济研究，2012，47（10）：121-133.

［62］商如斌，伍旋．期货市场有效性理论与实证研究［J］．管理工程学报，2000（4）：83-85.

［63］沈小波．环境经济学的理论基础、政策工具及前景［J］．厦门大学学报（哲学社会科学版），2008（6）：19-25+41.

［64］盛春光．中国碳金融市场发展机制研究［D］．东北林业大学博士学位论文，2013.

［65］石敏俊，王妍，张卓颖，周新．中国各省区碳足迹与碳排放空间转移［J］．地理学报，2012，67（10）：1327-1338.

［66］石敏俊，袁永娜，周晟吕，李娜．碳减排政策：碳税、碳交易还是两者兼之？［J］．管理科学学报，2013（9）：9-19.

［67］史学瀛．碳排放交易市场与制度设计［M］．天津：南开大学出版社，2014：78-148.

［68］孙立成，程发新，李群．区域碳排放空间转移特征及其经济溢出效应［J］．中国人口·资源与环境，2014（8）：17-23.

［69］孙悦．欧盟碳排放权交易体系及其价格机制研究［D］．吉林大学，2018.

［70］世界银行．碳金融十年［M］．北京：石油工业出版社，2011.

［71］汤维祺，吴力波．公平与效率的协调和统——基于中国区域间可计算一般均衡模型的减排政策模拟研究［J］．上海经济研究，2013，25（3）：81-96.

［72］佟庆，周胜，白璐雯．国外碳排放权交易体系覆盖范围对我国的启示

［J］．中国经贸导刊，2015（16）：77-79.

［73］汪文隽．欧盟排放权配额交易市场的价格行为及市场效率［D］．中国科学技术大学博士学位论文，2011.

［74］王丹，程玲．欧盟碳配额现货与期货价格关系及对中国的借鉴［J］．中国人口·资源与环境，2016，26（7）：85-92.

［75］王倩，李通，王译兴．中国碳金融的发展策略与路径分析［J］．社会科学辑刊，2010（3）：147-151.

［76］王茹．碳税与碳交易政策有效协同研究——基于要素嵌入修正的多源流理论分析［J］．财政研究，2021（7）：25-37.

［77］王文举，陈真玲．中国省级区域初始碳配额分配方案研究——基于责任与目标、公平与效率的视角［J］．管理世界，2019（3）：81-98.

［78］王文举，李峰．我国统一碳市场中的省际间配额分配问题研究［J］．求是学刊，2015，42（2）：44-51+181.

［79］王扬雷．碳金融交易市场的效率及其溢出效应研究［D］．吉林大学博士学位论文，2016.

［80］魏楚，杜立民，沈满洪．中国能否实现节能减排目标：基于DEA方法的评价与模拟［J］．世界经济，2010，33（3）：141-160.

［81］魏涛远，格罗姆斯洛德．征收碳税对中国经济与温室气体排放的影响［J］．世界经济与政治，2002（8）：47-49.

［82］魏一鸣．碳金融与碳市场［M］．北京：科学出版社，2010.

［83］翁玉艳，张希良，何建坤．全球碳市场链接对实现国家自主贡献减排目标的影响分析［J］．全球能源互联网，2020，3（1）：27-33.

［84］吴力波，钱浩祺，汤维祺．基于动态边际减排成本模拟的碳排放权交易与碳税选择机制［J］．经济研究，2014，49（9）：48-61+148.

［85］项目综合报告编写组．《中国长期低碳发展战略与转型路径研究》综合报告［J］．中国人口·资源与环境，2020，30（11）：1-25.

［86］肖雁飞，万子捷，刘红光．我国区域产业转移中"碳排放转移"及"碳泄漏"实证研究——基于2002年、2007年区域间投入产出模型的分析［J］．财经研究，2014，40（2）：75-84.

［87］熊灵，齐绍洲，沈波．中国碳交易试点配额分配的机制特征、设计问

题与改进对策 [J]. 武汉大学学报（哲学社会科学版），2016，69（3）：56-64.

[88] 徐国祥，吴泽智. 我国指数期货保证金水平设定方法及其实证研究——极值理论的应用 [J]. 财经研究，2004（11）：63-74.

[89] 徐盈之，张赟. 中国区域碳减排责任及碳减排潜力研究 [J]. 财贸研究，2013，24（2）：50-59.

[90] 许小虎，邹毅. 碳交易机制对电力行业影响分析 [J]. 生态经济，2016，32（3）：92-96.

[91] 许召元，李善同. 区域间劳动力迁移对地区差距的影响 [J]. 经济学（季刊），2009，8（1）：53-76.

[92] 杨继生，徐娟. 环境收益分配的不公平性及其转移机制 [J]. 经济研究，2016，51（1）：155-167.

[93] 尤海侠，李伟，杨强华. 我国碳排放权交易试点现状分析及建议 [J]. 中外能源，2017，22（12）：7-14.

[94] 张成，史丹，李鹏飞. 中国实施省际碳排放权交易的潜在成效 [J]. 财贸经济，2017，38（2）：93-108.

[95] 张东. 热电联产机组供热煤耗计算方法分析 [J]. 华电技术，2013，35（7）：44-46+78.

[96] 张继宏，张希良. 建设碳交易市场的金融创新探析 [J]. 武汉大学学报（哲学社会科学版），2014，67（2）：102-108.

[97] 张健，廖胡，梁钦锋，周志杰，于广锁. 碳税与碳排放权交易对中国各行业的影响 [J]. 现代化工,，2009，29（6）：77-82.

[98] 张可，汪东芳. 经济集聚与环境污染的交互影响及空间溢出 [J]. 中国工业经济，2014（6）：70-82.

[99] 张鹏飞，葛龙. 电力企业碳排放配额分配及调节机制研究 [J]. 经营管理者，2016（26）：228-229.

[100] 张为付，李逢春，胡雅蓓. 中国 CO_2 排放的省际转移与减排责任度量研究 [J]. 中国工业经济，2014（3）：57-69.

[101] 张伟，朱启贵，李汉文. 能源使用、碳排放与我国全要素碳减排效率 [J]. 经济研究，2013，48（10）：138-150.

[102] 张希良，张达，余润心. 中国特色全国碳市场设计理论与实践 [J].

管理世界，2021，37（8）：80-95.

［103］张希良. 国家碳市场总体设计中几个关键指标之间的数量关系［J］. 环境经济研究，2017，2（3）：1-5+48.

［104］张小艳，张宗成. 关于我国期货市场弱式有效性的研究［J］. 管理工程学报，2007（1）：145-147+154.

［105］张小艳，张宗成. 期货市场有效性理论与实证检验［J］. 中国管理科学，2005（6）：1-5.

［106］张宇. "双碳"背景下新能源电力交易市场机制研究［J］. 黑龙江电力，2022，44（5）：411-414.

［107］张原锟. 欧盟碳期货市场效率研究［D］. 吉林大学博士学位论文，2022.

［108］赵盟，姜克隽，徐华清，康艳兵. EU ETS 对欧洲电力行业的影响及对我国的建议［J］. 气候变化研究进展，2012，8（6）：462-468.

［109］赵文会，高岩，戴天晟. 初始排污权分配的优化模型［J］. 系统工程，2007（6）：57-61.

［110］郑爽，刘海燕. 碳交易试点地区电力部门配额分配比较研究及对全国的借鉴［J］. 气候变化研究进展，2020，16（6）：748-757.

［111］郑宇花. 碳金融市场的定价与价格运行机制研究［D］. 中国矿业大学博士学位论文，2016.

［112］周秋玲. 碳排放权期货市场流动性特征分析及启示［J］. 上海金融，2011（9）：90-93.

［113］周五七，聂鸣. 中国工业碳排放效率的区域差异研究——基于非参数前沿的实证分析［J］. 数量经济技术经济研究，2012，29（9）：58-70.

［114］朱丽. 关于碳市场和碳排放权期货的思考［J］. 企业观察家，2021（9）：88-89.

［115］邹骥，滕飞，傅莎. 减缓气候变化社会经济评价研究的最新进展——对 IPCC 第五次评估报告第三工作组报告的评述［J］. 气候变化研究进展，2014，10（5）：313-322.

［116］邹亚生，魏薇. 碳排放核证减排量（CER）现货价格影响因素研究［J］. 金融研究，2013（10）：142-153.

［117］ Akbostanci E, Tunc G, Asik S T. CO$_2$ emissions of Turkish manufacturing industry: A decomposition analysis ［J］. Applied Energy, 2011, 88 (6): 2273-2278.

［118］ Alampieski K, Lepone A. Impact of a tick size reduction on liquidity: Evidence from the Sydney Futures Exchange ［J］. Accounting & Finance, 2009, 49 (1): 1-20.

［119］ Balcilar M, Demirer R, Hammoudeh S. Risk spillovers across the energy and carbon markets and hedging strategies for carbon risk ［J］. Energy Economics, 2015, 54: 159-172.

［120］ Baumol W J, Oates W E. The use of standards and prices for protection of the environment ［J］. The Swedish Journal of Economics, 1971 (1): 53-65.

［121］ Bennear L S, Stavins R N. Second-best theory and the use of multiple policy instruments ［J］. Environmental and Resource Economics, 2007 (1): 111-129.

［122］ Benz E, Löschel A, Sturm B. Auctioning of CO$_2$ emission allowances in phase 3 of the EU emissions trading scheme ［J］. Climate Policy, 2010 (6): 705-718.

［123］ Bettina B F. Exxon is right: Let us re-examine our choice for a cap-and-trade system over a carbon tax ［J］. Energy Policy, 2009, 37 (6): 2462-2464.

［124］ Boemare C, Quirion P. Implementing greenhouse gas trading in Europe: Lessons from economic literature and international experiences ［J］. Ecological Economics, 2002, 43 (2): 213-230.

［125］ Boom J T, Dijkstra B. Permit trading and credit trading: A comparison of cap-based and rate-based emissions trading under perfect and imperfect competition ［J］. Environmental and Resource Economics, 2009, 44 (1): 107-136.

［126］ Burtraw D, Palmer K, Bharvirkar R, Paul A. The effect on asset values of the allocation of carbon dioxide emission allowances ［J］. The Electricity Journal, 2002, 15 (5): 51-62.

［127］ Böhringer C, Rosendahl K E. Green promotes the dirtiest: On the interaction between black and green quotas in energy markets ［J］. Journal of Regulatory Economics, 2010, 37 (3): 316-325.

［128］ Charles A, Darné O, Fouilloux J. Testing the martingale difference hypothesis in CO$_2$ emission allowances ［J］. Economic Modelling, 2010, 28 (1-2): 27-35.

［129］ Chen H, Liu Z, Zhang Y, Wu Y. The linkages of carbon spot – futures: Evidence from EU – ETS in the third phase ［J］. Sustainability, 2020, 12 (6): 2517.

［130］ Coase R H. The problem of social cost ［J］. Journal of Law and Economics, 1960, 9 (1): 79–81.

［131］ Dafna M. Optimal allocation of tradable pollution rights and market Structures ［J］. Journal of Regulatory Economics, 2005, 28 (2): 205–223.

［132］ Egteren H, Marian W. Marketable permits, market power, and cheating ［J］. Journal of Environmental Economics and Management, 1996 (2): 161–173.

［133］ European Commission. Impact Assessment Report Accompan–ying the document "Proposal for a regulation of the European Parliament and of the Council establishing a carbon border adjustment mechanism". European Commission. Brussels, 2021.

［134］ Fan J H, Akimov A, Roca E. Dynamic hedge ratio estimations in the European Union Emissions offset credit market ［J］. Journal of Cleaner Production, 2013, 42: 254–262.

［135］ Fell H, Morgenstern R D. Alternative approaches to cost containment in a cap – and – trade system ［J］. Environmental and Resource Economics, 2010 (2): 275–297.

［136］ Jotzo F, Betz R. Australia's emissions trading scheme: Opportunities and obstacles for linking ［J］. Climate Policy, 2009, 9 (4): 402–414.

［137］ Frino A, Kruk J, Lepone A. Liquidity and transaction costs in the European carbon futures market ［J］. Journal of Derivatives & Hedge Funds, 2010 (2): 100–115.

［138］ Gonzalo J, Granger C. Estimation of common long–memory components in cointegrated systems ［J］. Journal of Business & Economic Statistics, 2012, 13 (1): 27–35.

［139］ Goulder L H, Hafstead M A C, Dworsky M. Impacts of alternative emissions allowance allocation methods under a federal cap–and–trade program ［J］. Journal of Environmental Economics and Management, 2010, 60 (3): 161–181.

［140］ Goulder L H. Environmental taxation and the double dividend: A reader's guide ［J］. International Tax and Public Finance, 1995 (2): 157–183.

［141］ Groenenberg H, Blok K. Benchmark-based emission allocation in a cap-and-trade system ［J］. Climate Policy, 2002, 2 (1): 105-109.

［142］ Hahn R W. Market power and transferable property rights ［J］. The Quarterly Journal of Economics, 1984, 99 (4): 753-765.

［143］ Hahn R, Hester G. Marketable permits: Lessons for theory and practice ［J］. Ecology Law Quarterly, 1989, 16 (2): 361.

［144］ Hardin G. The Tragedy of the Commons ［J］. Science, 1968, 162 (3859): 1243-1248.

［145］ Hasanbeigi A, Arens M. Comparison of carbon dioxide emissions intensity of steel production in China, Germany, Mexico, and the United States ［J］. Resources Conservation and Recycling, 2016, 113: 127-139.

［146］ Hepburn C J, Grubb M, Neuhoff K, et al. Auctioning of EU ETS phase II allowances: How and why? ［J］. Climate Policy, 2006, 6 (1): 137-160.

［147］ Hintermann B, Gronwald M. Linking with uncertainty: The relationship between EU ETS pollution permits and Kyoto offsets ［J］. Environmental and Resource Economics, 2019, 74 (2): 761-784.

［148］ Hintermann B. Market power, permit allocation and efficiency in Emission permit markets ［J］. Environmental and Resource Economics, 2011, 49 (3):327-349.

［149］ Quirion P. Historic versus output-based allocation of GHG tradable allowances: a comparison ［J］. Climate Policy, 2009, 9 (6): 575-592.

［150］ Jacoby H D, Ellerman A D. The safety valve and climate policy ［J］. Energy Policy, 2004, 32 (4): 481-491.

［151］ Kalaitzoglou A, Ibrahim B M. Liquidity and resolution of uncertainty in the European carbon futures market ［J］. International Review of Financial Analysis, 2014, 37: 89-102.

［152］ Kerr S, Newell R G. Policy-induced technology adoption: Evidence from the U. S. lead phasedown ［J］. The Journal of Industrial Economics, 2003, 51 (3): 317-343.

［153］ Keshab S. Price discovery in energy markets ［J］. Energy Economics, 2014, 45: 229-233.

[154] Li M, Weng Y, Duan M. Emissions, energy and economic impacts of linking China's national ETS with the EU ETS [J]. Applied Energy, 2019, 235: 1235-1244.

[155] Lin B, Jia Z. What are the main factors affecting carbon price in Emission trading scheme? A case study in China [J]. Science of the Total Environment, 2019, 654: 525-534.

[156] Lucia J J, Bataller M M, Pardo A. Speculative and hedging activities in the European carbon market [J]. Energy Policy, 2014, 82: 334-351.

[157] Mansanet-Bataller M, Chevallier J, Hervé-Mignucci M, et al. EUA and sCER phase II price drivers: Unveiling the reasons for the existence of the EUA-sCER spread [J]. Energy Policy, 2011, 39 (3): 1056-1069.

[158] Mizrach B, Otsubo Y. The market microstructure of the European climate exchange [J]. Journal of Banking and Finance, 2014, 39: 107-116.

[159] Mizrach B. Integration of the global carbon markets [J]. Energy Economics, 2011, 34 (1): 335-349.

[160] Montgomery W. Markets in licenses and efficient pollution control programs [J]. David. Journal of Economic Theory, 1972, 5 (3): 395-418.

[161] Naegele H. Offset Credits in the EU ETS: A quantile estimation of firm-level transaction costs [J]. Environmental and Resource Economics, 2018, 70 (1): 77-106.

[162] Newell R G, Pizer W A. Regulating stock externalities under uncertainty [J]. Journal of Environmental Economics and Management, 2003 (2): 416-432.

[163] Philip D, Shi Y. Optimal hedging in carbon emission markets using Markov regime switching models [J]. Journal of International Financial Markets, Institutions & Money, 2016, 43: 1-15.

[164] Pizer W A. Combining price and quantity controls to mitigate global climate change [J]. Journal of Public Economics, 2002, 85 (3): 409-434.

[165] Rittler D. Price discovery and volatility spillovers in the European Union emissions trading scheme: A high-frequency analysis [J]. Journal of Banking & Finance, 2012, 36 (3): 774-785.

[166] Rubin J, Leiby R N, Greene D L. Tradable fuel economy credits: Competition and oligopoly [J]. Journal of Environmental Economics and Management, 2009, 58 (3): 315-328.

[167] Shrestha K, Subramaniam R, Peranginangin Y, et al. Quantile hedge ratio for energy markets [J]. Energy Economics, 2017, 71: 253-272.

[168] Sijm J. The interaction between the EU emissions trading scheme and national energy policies [J]. Climate Policy, 2005, 5 (1): 79-96.

[169] Silvério R, Szklo A. The effect of the financial sector on the evolution of oil prices: Analysis of the contribution of the futures market to the price discovery process in the WTI spot market [J]. Energy Economics, 2012, 34 (6): 1799-1808.

[170] Sorrell S, Sijm J. Carbon trading in the policy mix [J]. Oxford Review of Economic Policy, 2003, 19 (3): 420-437.

[171] Stefan M, Wellenreuther C. London vs. Leipzig: Price discovery of carbon futures during Phase III of the ETS [J]. Economics Letters, 2020, 188 (2): 108990.

[172] Tang B J, Gong P, Shen C. Factors of carbon price volatility in a comparative analysis of the EUA and sCER [J]. Annals of Operations Research, 2017 (1 - 2): 157-168.

[173] Chai S, Zhou P. The Minimum-CVaR strategy with semi-parametric estimation in carbon market hedging problems [J]. Energy Economics, 2018, 76: 64-75.

[174] Tsao C C, Campbell J E, Chen Y. When renewable portfolio standards meet cap-and-trade regulations in the electricity sector: Market interactions, profits implications, and policy redundancy [J]. Energy Policy, 2011, 39 (7): 3966 - 3974.

[175] Webster M, Wing I S, Jakobovits L. Second-best instruments for near-term climate policy: Intensity targets vs. the safety valve [J]. Journal of Environmental Economics and Management, 2010 (3): 250-259.

[176] Weitzman M L. Prices vs. quantities [J]. The Review of Economic Studies, 1974, 41 (4): 477-491.

[177] Weng Q, Xu H. A review of China's carbon trading market [J]. Renewable and Sustainable Energy Reviews, 2018, 91: 613-619.

［178］ Zhang D, Karplus V J, Cassisa C, Zhang X. Emissions trading in China：Progress and prospects ［J］. Energy Policy, 2014, 75：9-16.

［179］ Zhong J, Pei J. On the competitiveness impact of the EU CBAM：An Input-Output approach ［J］. SSRN Electronic Journal, 2021.

［180］ Zhou J. Hedging performance of REIT index futures：A comparison of alternative hedge ratio estimation methods ［J］. Economic Modelling, 2015, 52：690-698.